Silent Teachers

The Lecture on Life and Death Education
Given to Us by the Body Donors

遺體捐贈者給我們的生死教育課

陳新安
伍桂麟
編著

序一
隨風潛入夜，潤物細無聲

陳家亮教授
香港中文大學醫學院院長
卓敏內科及藥物治療系講座教授

有別於一般老師，「無言老師」從沒有向我們發出任何教誨，但從他們身上學到的，卻比千言萬語更豐富、更深刻。

解剖學，是每一位醫科生必修的基本學科，也是深入了解人體的第一課。假如這些「老師」缺席，醫科生便不能上這必修的一課，換句話說，醫學教育將嚴重受影響。所以在每位醫科生的心底，都會對這群「老師」有莫名的敬意和尊重。

由學醫的第一天起，直到出來行醫後，杏林路上我們是從不間斷地受教於「無言老師」。雖然已是很多年前的事，但至今我依然很記得我的那位「老師」，而且在他身上學到的，也實在令我受用一生。

我非常尊敬「無言老師」，因為他們願意付上自己的身體，讓醫學生和醫生去探索，希望透過醫學教育和科研，令在世的病人得到更好的治療。這種犧牲精神，不斷地提醒我，學醫和做人，都可以超越「小我」，成就「大我」。

誠如本書的書名，在遺體捐贈的背後，有遺體捐贈者和他們家人對生命意義的看法，而這一個又一個的捐贈行動和決定，正是給我們上了感染力至深的生死教育課。

我謹代表醫學院的老師和學生，再次由衷地感謝每位無言老師對醫學教育的貢獻，也非常感激他們家人的支持。缺了任何一環，也不能成事。

「隨風潛入夜，潤物細無聲」，正好體現了無言老師的最高情操。

「今夕吾軀無言教，他朝良醫仁心術。」

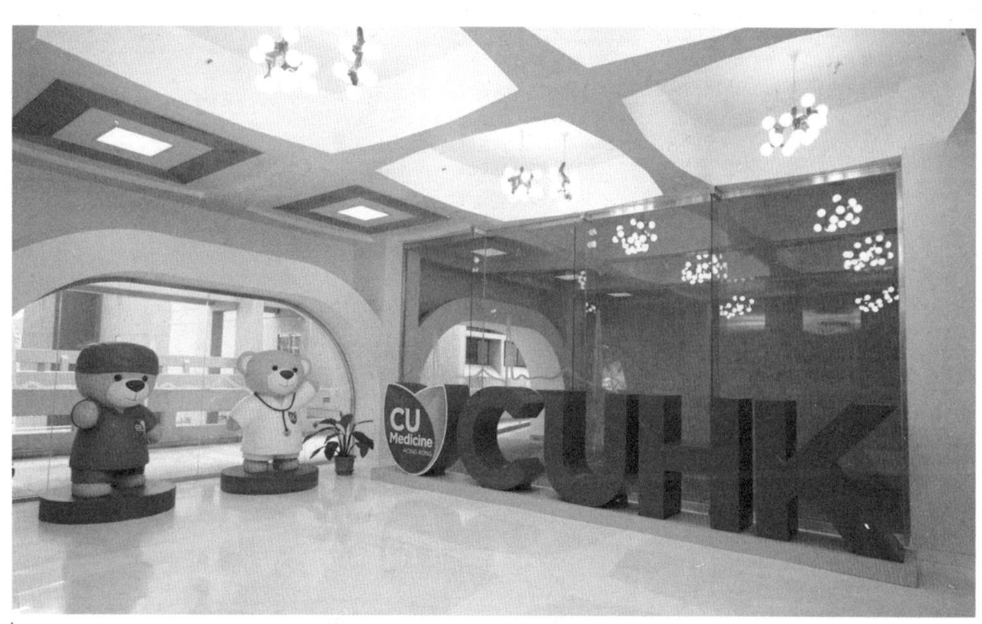

李卓敏基本醫學大樓。

序二
人之所以為人，因為有情

陳偉儀教授
香港中文大學醫學院生物醫學學院院長
生物醫學講座教授

「無言老師」計劃自二〇一一年起成立，隨着在不同途徑的積極宣傳推廣，以及社會開放和文化的改變，令更多的市民認識、接受、甚至參與登記成為捐贈者。

遺體捐贈不但與醫學教育、研究等發展息息相關，亦有助醫科生學習日後如何尊重每位病人，並體會捐贈者的無私奉獻，意義深遠。

香港中文大學醫學院「無言老師」計劃，貫徹以「尊重」、「人性化」和「社會責任」為理念。「人之所以為人，因為有情。」我們堅信醫科生若能對死去的無言老師心存敬意和感激，對活着的病人就能有更多的同理心和尊重。

希望大家閱讀此書，透過從不同角色和身分，參與「無言老師」計劃的故事分享，明白遺體捐贈的真正意義，除了為取得應用於醫學教育和研究的遺體外，還有更深一層的意義，就是培養學生成為一個對生命有承擔的人，學懂感恩和幫助他人，同時鼓勵大眾反思生死的本質。

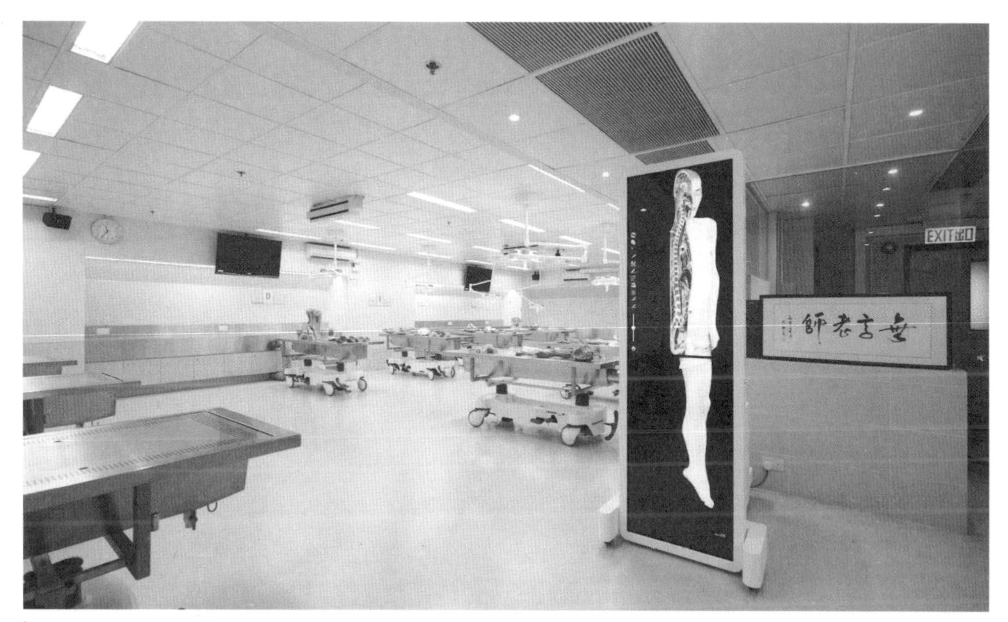

位於李卓敏基本醫學大樓內的解剖室。

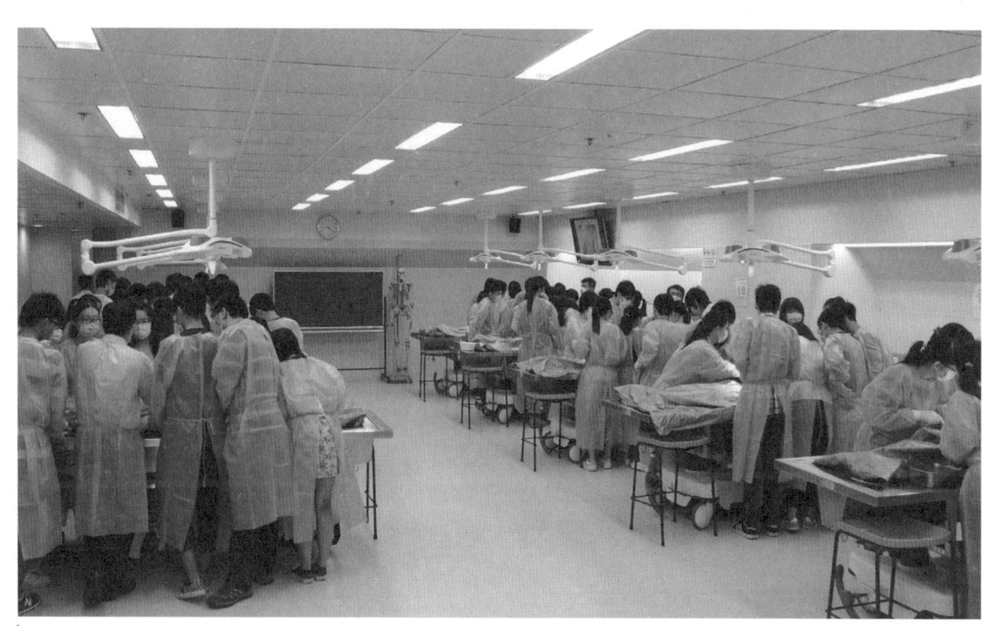

醫學生用心在無言老師身上學習解剖學知識。

序三
永遠的生命教育花園

蘇振顯博士
華人永遠墳場管理委員會外部事務委員會主席

華人永遠墳場管理委員會(華永會)自二〇一三年五月與香港中文大學醫學院（中大醫學院）合作，讓參與遺體捐贈的「無言老師」的骨灰可以撒放於華永會將軍澳墳場的紀念花園。紀念花園特設置紀念牌匾，感謝「無言老師」無私奉獻的大愛精神。

「無言老師」撒放骨灰計劃推出以來，登記成為「無言老師」的人數與日俱增，目前登記人數已超過一萬五千人，反映計劃深受市民接受及認同。「無言老師」無私奉獻教授醫科學生，促進本港醫學發展，實在非常有意義及值得表揚。華永會積極推動綠色安葬，鼓勵市民使用撒放骨灰服務，「無言老師」撒放骨灰計劃可以令更多人認識及思考生命的意義，以更豁達的態度面對人生，對本會推廣綠色安葬，更是相輔相成。

為進一步推動「無言老師」計劃，華永會亦透過轄下慈善捐款計劃，支持中大醫學院添購解剖實驗室的設備，以及進行「無言老師」遺體捐贈者與喪親家屬的生命觀及心理研究，配合遺體捐贈計劃的推廣，並擴大社會對相關議題的關注。

本書內容非常豐富，結集醫療專業人士、醫科學生、「無言老師」及其家屬，以及生命教育業界人士的分享，想必令讀者有所感悟。盼望各位閱畢此書後，能與其他人士分享書冊內容，傳揚正向生命教育的訊息。

無言老師紀念壁。

華永會將軍澳墳場的紀念花園。

序四

百年承傳·大愛人間

王賢誌先生
東華三院主席

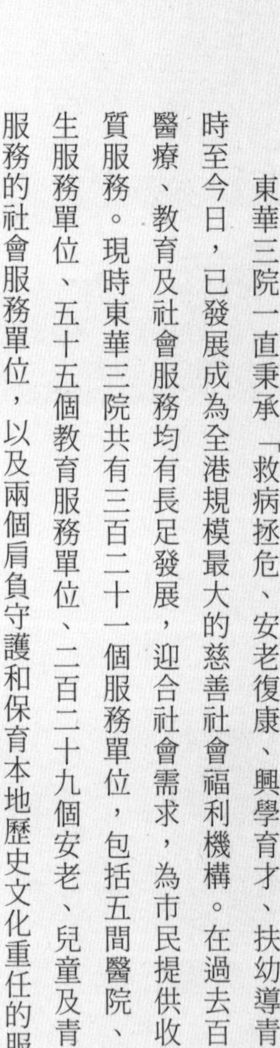

東華三院一直秉承「救病拯危、安老復康、興學育才、扶幼導青」的使命和承諾，時至今日，已發展成為全港規模最大的慈善社會福利機構。在過去百多年，東華三院的醫療、教育及社會服務均有長足發展，迎合社會需求，為市民提供收費低廉或免費的優質服務。現時東華三院共有三百二十一個服務單位，包括五間醫院、三十個中西醫療衞生服務單位、五十五個教育服務單位、二百二十九個安老、兒童及青少年、復康及公共服務的社會服務單位，以及兩個肩負守護和保育本地歷史文化重任的服務單位。

其中東華義莊從十九世紀起為海外華人辦理原籍安葬，是本地獨樹一幟的福利服務。在殯葬服務上，萬國殯儀館和鑽石山殯儀館為市民提供明碼實價，豐儉隨意之非牟利收費殯儀服務，為社會上各階層不同宗教信仰人士提供直接及全面的殯儀諮詢、預算和喪葬安排。東華三院近年還為有需要市民提供「圓滿人生服務」和「善壽服務」，鼓勵長者積極面對人生最後階段，預早安排終老計劃，讓長者及其家人在面對生命終結時可以釋懷及感到圓滿。打破社會上對死亡的禁忌，鼓勵社區人士反思生活和珍惜生命，令長者有系統地參與決定和交託身後事之安排、委託後事執行人及預拍或預備靈堂用照片等。

香港中文大學醫學院「無言老師」遺體捐贈計劃從二〇一二年起，與東華三院旗下多個單位合作「無言老師」和「生死教育」講座，其中學校和社福單位與其服務對象，曾參觀中大醫學院解剖室和參與相關體驗式學習活動。直至二〇一五年，東華三院的殯儀服務成為中大醫學院的合約承辦商，為有需要的無言老師家庭提供「院出」和「火化」所需的靈車運送遺體服務，大大提升無言老師計劃的服務質素，為東華三院在香港的百年殯葬服務史寫下新的一頁，並延續「無言老師」的大愛精神，為香港的醫療體系注入新的力量。

中大醫學院參與由東華三院舉辦的「存為愛」生死博覽。

東華三院舉辦的社區講座「愛飛越晚晴」。

前言

遺體捐贈——不可能的任務

陳新安教授
無言老師遺體捐贈計劃及解剖室主管
香港中文大學醫學院助理院長（教育）
香港中文大學生物醫學學院副院長（本科教育）
新亞書院副院長及通識教育主任

無言老師遺體捐贈計劃的源起

解剖學是醫科生深入認識人體結構的重要課程，遺體是必備的教材。除此之外，對其他學科如護理學、藥劑學、中醫學、人類生物學、生物醫學等的學生而言，人體標本也是重要的學習資源。無言老師計劃除了提升未來的醫學技術，更有助發展及改良新的醫學技術及病理研究，從而提升手術和藥物在病人身上的成功率和安全性，讓更多病人及其家人受惠，重拾希望。

自從在二〇一〇年開始接手解剖室的管理後，發覺解剖室面對的最大危機，是遺體供應不足和不穩定。每年從食環署接收的遺體僅僅足夠應付醫學生解剖實驗的需求。這些遺體都是無親無故，死後無人認領，從醫院和殮房送來醫學院的。遺體的另一來源是市民的捐贈，但從這渠道送來的遺體，每年都不超過六具，遠遠不夠當年二十具的教學需求。隨着醫學生數目增加，遺體需求壓力日益沉重，食環署於二〇一一年下半年至二〇一二年上半年將大部分無人認領的遺體用作試驗新焚化爐之用，因而減少了對醫學院的供應。面對這些困難和挑戰，我們決意打破這些困境，全力推動遺體捐贈計劃。

跨越不了的高牆

記得在構思計劃初時，我其實沒有甚麼鴻圖大計。我只有一個目標，就是盡力收取足夠的遺體，供醫科生學習。但談何容易。記得當時因同事突

沈祖堯教授墨寶贈予「無言老師」遺體捐贈計劃。

然離世，人手缺乏，而且經費不足，再加上當時的社會風氣，呼籲市民接受遺體捐贈幾近是不可能的任務。每年暑假，我都擔心沒有足夠遺體在九月開學。當時的解剖室猶如處於孤軍作戰的艱難期，面前就好像有一道跨越不了的高牆。

各方幫助，建立團隊

幸好在二〇一〇年，聘請到遺體防腐師伍桂麟先生，其後再加上資深防腐師丁偉明先生的加盟，我們開始討論和研究如何推動遺體捐贈計劃。從構思工作大綱、訂定無言老師遺體捐贈計劃的名字，我們都經過無數的討論。在資源極度缺乏與社會牢固的傳統思想下，我們走入人群，希望逐步把捐贈遺體的信息傳開。還記得當年在中大醫學院的春茗活動中，第一次向同枱吃飯的記者不斷嘮叨仍未有足夠遺體應付開學的徬徨心情，數星期後這信息被三份報章報導。我們隨後嘗試接受其他報紙、電台、雜誌、電視台訪問，以及在醫院、老人院、護老院，長者博覽等開設講座。幾年來不斷落區，直接接觸市民、醫護人員、社工和宗教人士等。我們更開放從前被視為禁地的解剖室，讓中學生和其他市民參觀。就是這樣「密密做」，七年間中大解剖室已舉行超過三百五十項活動和講座等，而成效亦開始如雪球般不斷滾動增大。另外，我們也不時前往中學主講有關無言老師計劃，期望把信息傳到年輕一代，令他們將來可以作出抉擇，同時讓這種無私奉獻的精神傳承下去。這次遺體短缺可說是轉危為機，讓遺體捐贈文化在香港得以萌芽成長，打破長久以來的沉寂。

陳新安教授參與聖雅各福群會的「生前身後」生死教育博覽。

從人性和尊重出發

除了致力推廣計劃，我們亦從人性化的角度籌備無言老師的撒灰儀式，並從細節上不斷作出改善，例如舊式的撒灰器太重，而且每節有約七至八個家庭參與，令撒灰器不敷應用。我們曾經購買額外的撒灰器，去年更與「啟民創社」合作設計新撒灰器。為了在儀式中給予家人溫暖的感覺，我和師生會盡可能陪伴家人從山腰的撒灰花園走下山腳，等待他們逐一走上接送巴士後，向他們道別。我們希望尋求所有機會，對無言老師和家人作出感謝，正如讓學生在學期完結時填寫感謝信，以至默哀、送別等儀式都是圍繞着尊敬和感謝的信念而作的，希望無言老師和其親友都能體會到這份溫暖的感覺。

不過，即使盡心盡力為家屬設想，我們在捐贈的過程中亦「踩過不少地雷」。最初我們只擔心遺體數量不足以應付開學需要，那會想到無言老師計劃推行後，竟然會出現遺體供應過剩而拒絕接收的情況。當時我實在有點不知所措，面對家屬的憤怒，除了表達萬分歉意，解釋當中的不足或誤會。我們都細心聆聽和跟進每一個捐贈程序，相信總有方法可以處理得更好的。因為解剖室存放遺體的地方實在有限，於是嘗試設法加快遺體流轉的速度，以接收更多無言老師。我們亦與兩間殯儀承辦商簽訂合約，由百年老號「東華三院」和環保殯儀社企「毋忘愛」負責，跟進遺體運送及火化事宜，除了提供更貼心的服務給家屬外，也可讓他們選擇傳統或時尚的禮儀安排，大大提升整體服務質素。

醫科生向公眾推廣無言老師遺體捐贈計劃。

開花結果

近年，香港在捐贈器官和遺體方面有長足的發展。在短短七年間，市民和學生對捐贈文化與態度有着明顯的改變。現在計劃不但有助學生學習，令有心人能遺愛人間，更讓學生從無言老師身上學到人生課題。例如，若果有善心人願意同時捐贈器官及遺體，他們的家人只要事先與醫院溝通好，醫院會先安排器官移植手術，然後在殯葬儀式後把「無言老師」送到醫學院。前者可以令到器官受益人即時受惠及康復，後者對醫學發展有長遠影響，最終受益是我們的下一代。

在無言老師計劃中，中大會為一些低收入家庭或無依長者，把先人從醫院經中大的合約殯儀承辦商送來醫學院，因此火化、紙棺木、運輸費用都由中大支付。始料不及的是，有時這身後事的服務反成為不少獨居長者參與這計劃的原因。七年以來，中大與不少團體合辦講座、參觀等活動，成效顯著。每次講座後都有不少市民查詢，特別是老人家，所以長者並非我們想像中那麼守舊，反對者往往是他們的兒女。

為了讓醫學生體會無言老師的無私奉獻，中大希望透過一些儀式教導學生尊重生命，更而進一步學會醫生對待病人應有的態度。例如中大醫學院會在第一節解剖課之前，先舉行一個莊嚴的靜默追思儀式以示感謝和尊敬，最後一節解剖課完結時，學生們會在心意卡上寫下對先人的謝意，蓋棺前把卡放入棺木，讓信息隨先人火化而去。

中大醫學院的「無言老師」在義教工作完成後，可按其生前意願，在火化後把骨灰撒放於將軍澳華人永遠墳場的「無言老師」紀念花園專區，並由中大負責在紀念牆上的

中學生參觀解剖室時的靜默儀式。

碑位刻名和放置相片。撒灰儀式每年會舉辦兩次，讓師生及遺體捐贈者家屬為先人撒灰和安裝名牌於紀念花園，以表敬意。

將來的發展

我經常提醒自己，我是一個老師，教導學生是我和解剖室的首要工作。那籌款是不是我們的發展方向？坦白說，如果有人捐一千萬給解剖室，我會否接受？我會說：「當然會！但這些錢只可作教學用途，而首要目標是滿足醫學教育的需要。」

現時每年的大學撥款僅足以應付解剖室的開支，如有額外支出，就需要依靠外間對無言老師的捐款和臨牀教學訓練的收費，讓計劃得以繼續營運下去。早前有一位無言老師，不但捐贈了遺體，還捐獻了部分遺產予無言老師計劃；亦有熱心人士設立了基金，支持和鼓勵學生製作人體標本，我們會挑選當中最出色的三位醫學生，贈予獎學金。這些心意，不只令無言老師的計劃得以延續，亦令更多學生受惠，從而惠澤社群。

談到對將來的期望，或許將來捐贈遺體數目會多於所需，出現未能接收的情況，親友可能會覺得未達死者遺願。其實先人早以得償所願，因「供過於求」正是反映社會的進步和開明。然而，我感恩過往一直有不同的熱心人士和機構在適當的時候提供適切的協助和捐款，也特別感謝「華人永遠墳場管理委員會」無償地為中大在將軍澳華人永遠墳場設立撒灰花園和紀念石碑，更兩次大額捐贈購買儀器和資助研究。

我期望通過此書的分享，讓大眾更明白遺體捐贈的意義，認識無言老師縱不發一言，其精神已教導一代一代的醫學生和醫護人員。亦希望將來有更多善心人和團體繼續幫助解剖室和無言老師計劃，以應付來年大增的醫科生的教學需要。更期望無言老師的大愛與無私奉獻的精神，感動更多香港市民。

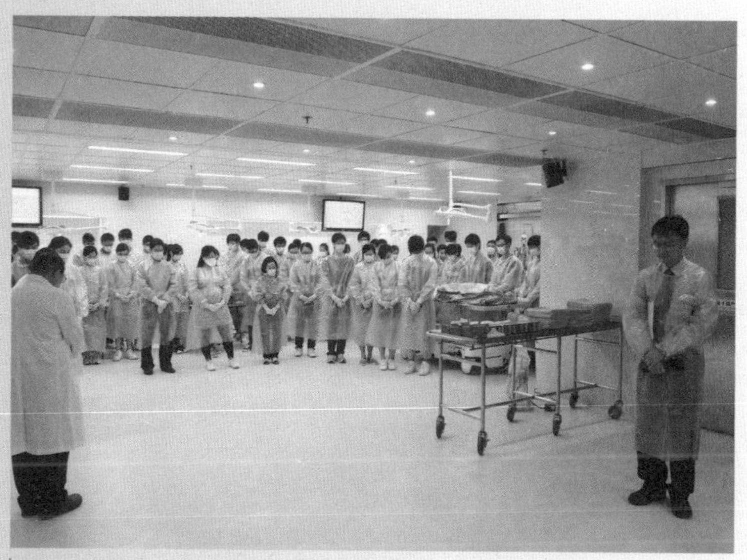

醫學生在解剖課前的靜默儀式。

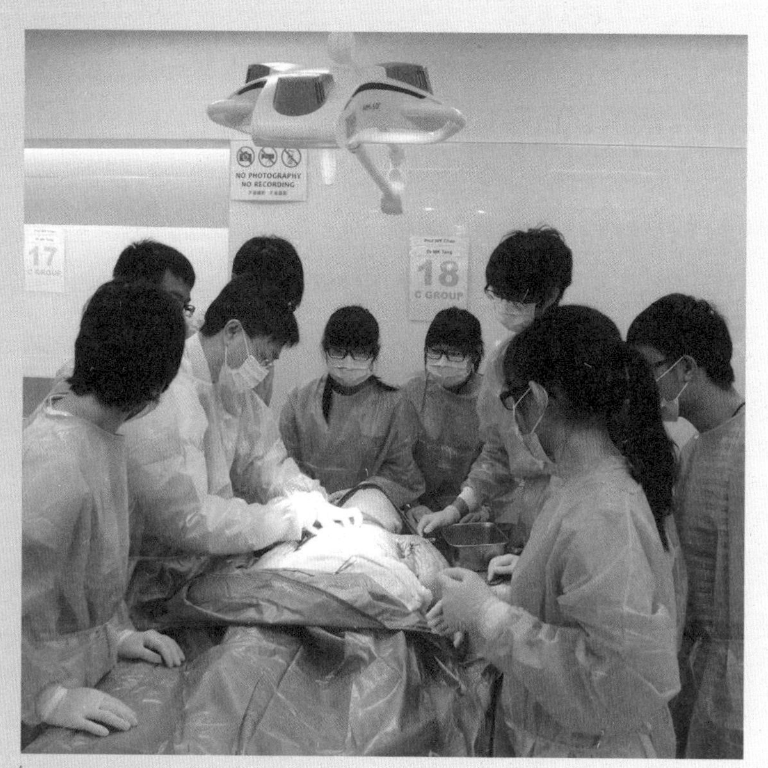

陳新安教授指示解剖細節情況。

目錄

推薦序

前言

第一章

無言身教・知識永存

第二章

死後遺愛・捨身成仁

第三章

逝者永念・無言有愛

第四章

無言之友‧生死之思

結語

參考資料

第一章

無言身教
知識永存

醫人重要，醫心更重要

陳活彝教授
香港中文大學醫學院生物醫學學院教授及副院長（研究生教育）
逸夫書院副院長

醫人重要，醫心更重要。專稱「無言老師」為老師，固然應予以尊重，同時尊重他的家人，這是作為醫者的基本信念。我們不會視無言老師為一種教學用具，而是展示一種「以人為本」的教學心態，一種尊重和重視捐贈者及其家人的醫德與仁心。

三十年來逐步發展

一九八一年，解剖學系與中大醫學院一併成立。首屆學生不足百人，而所有學生都要學習解剖學。當時每年從政府接收的遺體約有二十多具，來源多為越南難民和無人認領人士。由於學生數目較少，亦沒有非醫學院學生參與，所以初期的遺體供應尚算穩定，尤其在八、九十年代，無人認領的遺體較多，甚至有多餘遺體作塑化標本，供日後學生學習和考試之用。

可是，其後學生人數逐漸增加，除了醫學院本部學生，其他非醫學院的學員如中醫、人體生物學學生等也需要學習人體解剖；另一方面，自二〇〇〇年起，被送往解剖室的無人認領遺體不斷減少，食環署更曾在其中一個年度大幅減少向中大提供的遺體數目。需求多，供應少，在教學過程中，開始出現十多名學生圍着同一具遺體進行解剖的情況，而這種不理想的學習環境，讓學院意識到必須尋找充裕而穩定的遺體供應方法。其實大學一直設有遺體捐贈的制度，但欠缺完整的宣傳和管理。在陳新安教授和伍桂麟先生帶動的改革下，「無言老師」遺體捐贈計劃成功推行，令近年供應中大的遺體數量顯著回升，並有持續上升的趨勢，大學也毋須依賴來自食環署的無人認領遺體。

今天的解剖室外只有溫暖，不再冰冷。

現在，遺體保存方法及技術亦有所提升，方法分為重度固定和輕度固定，重度固定方法會加入較重分量的防腐劑，令遺體的使用期延長至兩年，有需要時甚至可塑化並製成標本；輕度固定方法或急凍保存方法則可以令遺體的身體組織在肌肉柔軟度、顏色、阻力方面都與活人大致相同，適合用於進行微創、心外壓等練習。如果捐贈者生前或家屬在填報遺體捐贈意向書時，選擇了作「手術培訓及研究用」，大部分就會以輕度固定方法保存，並會於兩個月至一年內火化。

中大解剖學系的設備亦在持續改善。由於以往解剖實驗室並沒有完善的抽氣系統，學生在學習後，身上往往仍帶有濃烈的氣味，遺體發出的異味由下而上揮發，混合了福爾馬林等防腐劑，不只容易令學生感到不適，更可能影響健康。現在，每張解剖枱都設有由上而下的抽氣系統，福爾馬林等防腐劑的成分亦得到改良，照明系統也完善了，同時添加了保護衣、口罩、手套等防護裝備，解剖實驗室的整體環境亦趨向完備。從前學生做完解剖練習後，到飯堂用膳時因衣物沾染味道使其他人都避之則吉的場面，幸已不復再。

遺體處理的兩難

然而，社會上對遺體捐贈避之則吉的仍大有人在。華人社會有不少傳統觀念，跟死亡相關的事情往往有不少禁忌，對於先人的遺體，需要完整保留全身的想法依然根深柢固。在不少遺體捐贈的案例中，家屬會對遺體解剖及瞻仰遺容的安排產生疑問。

如果是對遺體進行微創或插喉等練習，遺體仍可大致保持完整；而經過解剖的遺體由於難以縫合，為免家屬目睹不完整的遺體而感到傷痛，因此不能給家屬瞻仰遺容。雖然有外國大學的醫學院可能會在練習後縫合遺體並替遺體穿上衣服，但正因如此，學生在解剖的過程中必須避開某些關節位置，或不能對某些部位進行解剖。我們認為，捐贈遺體在醫學解剖方面的最大價值，在於學生能夠在先人身上獲取最多、最實在的解剖知識，如為了遷就遺體的完整程度而錯過了部分練習的機會，同學便無法獲得最大裨益，這是本末倒置的做法。

因此，我們會着重隨後的跟進工作，例如在包好遺體入棺後，讓家屬跟隨殯儀靈車前往火化場送別先人，家屬也可選擇參與撒灰儀式。我們相信這樣有助紓緩家屬的傷感。

需要尊重和尊嚴

我們充分明白，先人過身後仍需要尊重和尊嚴，故大學已有嚴格規定，無言老師不能作非教育或非研究用途，不能隨意公開展示，亦不能進行拍攝、錄影，或用言語和行為侮辱展露的遺體。我們希望先人的家屬明白，即使先人未能在解剖時穿上衣服，亦絕不代表是一種侮辱。我們亦希望現在和將來的醫科生和醫生，除了醫術，亦需要照顧病人的心境和感受，謹記對病人的尊重，做到醫人重要，醫心更重要的理念。

事實上，我們一直都希望在無言老師的計劃中做到「以人為本」，這個「人」是廣義的，所指的是捐贈人，也指其家人；我們尊重捐贈者的遺願，同時亦要尊重家屬的意願，在計劃中盡量為家屬提供協助，讓他們在處理先人遺體的時候有更多選擇，更重要是關注其需要，減低他們在處理身後事的壓力和心理負擔，這就是我們一直以來的信念。

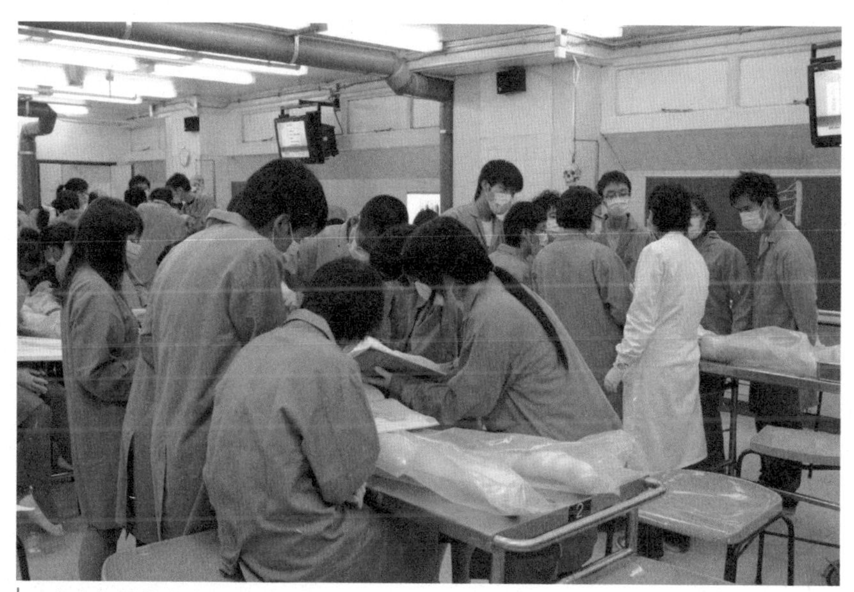

九十年代的中大解剖室。

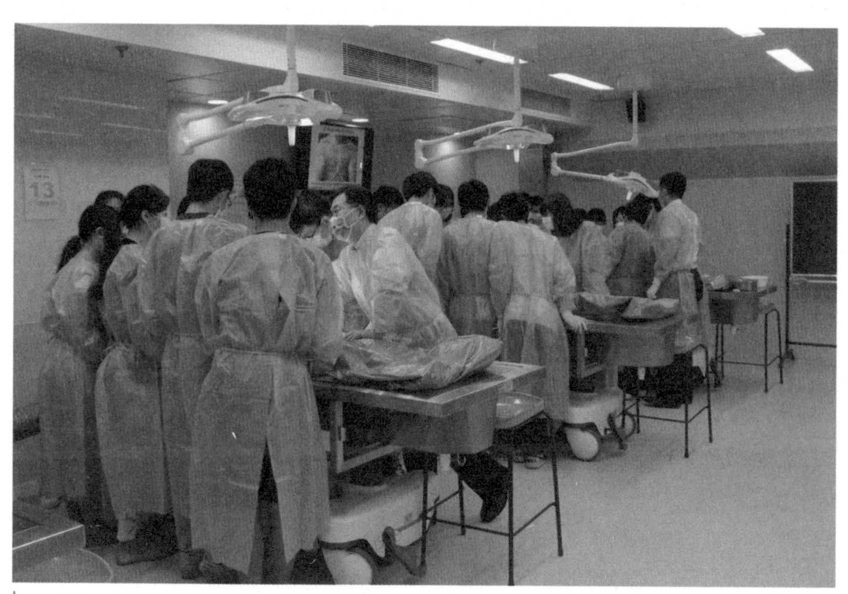

二〇一三年裝修後的中大解剖室。

解剖教學點滴

潘匡杰博士
醫學院解剖室副主任
香港中文大學醫學院解剖學課程講師

自二〇〇〇年初，中大醫學院在每年開學前遇到的最大挑戰，就是要準備好足夠的遺體給醫科生作解剖學習之用。

在「無言老師」計劃推行之前，用作解剖學習的遺體主要是被食環署確定為無人認領的遺體，其供應數量並不穩定。解剖室在學期快要開始的八月中旬，如果仍未有足夠的遺體去應付教學需要，其時解剖室的同事就會特別緊張，除了要與食環署人員緊密溝通，還會致電多間醫院，查詢有沒有未有人認領的遺體，並希望加快無人認領遺體運送到中大醫學院的時間，以趕及在九月第二個星期開始的課程中使用。

除了缺乏遺體作解剖教學外，大部分接收的遺體狀態其實不太理想，可能的原因有三。第一，無人認領的遺體，通常在食環署已經低溫保存了一段長時間，有的甚至已放置長達半年，當遺體缺乏適當的防腐處理，組織會失去彈性，甚至出現腐爛及發出異味，這對學生認識活體組織應有的彈性、光澤、色澤都有一定的影響。第二，一般無人認領的遺體多是營養不足，體格偏瘦的露宿者，因此學生往往只能解剖同一類體型的遺體，在學習方面因而欠缺全面性。第三，或許現今社會大眾對女士比較呵護照顧，過往接收的無人認領遺體多是男性，曾經試過在所有解剖枱上，有九成屬男性，當學生要學習解剖女性盆腔的時候，大部分學生便要包圍僅有女性遺體的解剖枱，從旁觀察及學習，難免對教學質素造成影響。

自從推行「無言老師」計劃，幸得社會各界熱心人士的信任和支持，近年接收的遺體數量已足夠應付開學時所需要的最低目標——二十七具，遺體的狀態亦比

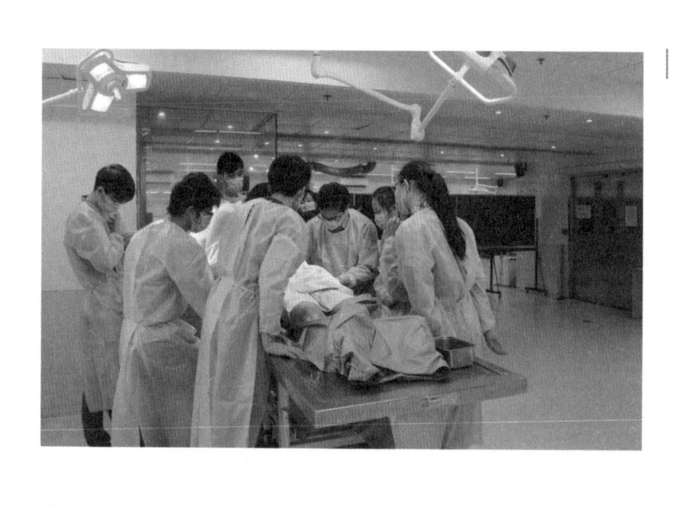

生物醫學學生的解剖課。

較理想，進行解剖學習時會更接近活人組織；遺體類型不再單一，大多是六十歲或以下，男女比例亦趨近六比四。雖然年輕女性的遺體仍然是較為缺乏，尤其是擁有生殖期子宮和卵巢的遺體，但已無疑擴闊同學的知識領域，對將來有志成為外科醫生的同學更是獲益良多。情況不再令我們煩惱和憂心，我們的精力和時間可再次聚焦在教學上。

一具遺體「多用途」

在六年制的醫學課程中，學生首三年主要在中文大學上課，後三年則主要前往威爾斯親王醫院或其他醫院上課和實習。同學在一至三年級都會學習解剖學，不過二年級和三年級生才會落刀做解剖。二年級學生一般會在九月開始解剖胸腔，我們會給予學生落第一刀，位置會在胸腔正中央，原因是該處背後就是胸骨，而胸骨與皮膚間不會有太多組織需要觀察，即使學員因太用力而落刀過深，也會有胸骨阻隔，不會嚴重破壞附近的神經與其他組織。另外，一張解剖枱通常有兩把大手術刀、兩把細手術刀，不過因為人體空間狹小，為安全起見，只會有兩位學生同時拿着手術刀進行解剖練習，避免意外割傷。到十一月份，同學會解剖腹部，翌年的一月會解剖盆腔，二月解剖上肢，最後到三月解剖下肢；至於三年級學生亦會用同一批遺體，在第一個學期集中學習解剖頭、頸等部分。

學期完結，我們會將未有作解剖的部分，留給臨牀部門（如耳鼻喉專科）作臨牀教學及培訓之用，例如中耳及內耳附近的組織。醫科生亦會透過暑期進階解剖工作坊，把部分遺體解剖後製成標本。在中大醫學院，除了醫科生學習解剖學，中醫學生、藥劑系學生、護理系學生和生物醫學學生都會修讀解剖學課程，他們都有機會透過從捐贈者遺體製作而成的人體標本中學習。

滿足了醫科生教學之後，中醫學生及生物醫學學生亦有機會透過解剖去學習人體結構。中醫的同學還會在遺體上學習穴位和針灸，透過現代化的防腐技術，能夠保持遺體上皮膚組織的柔軟及彈性，讓中醫同學施針。透過遺體上施針，同學能準確地感受到針刺的深度及力度，避免在將來臨牀時對病人落針太深，刺穿其他組織甚至器官。

當再進一步滿足了醫學院本科生教學之後，部分的遺體亦會用作培訓消防署救護學員之用。透過遺體捐贈者，學員會學習及模擬心肺復甦、緊急止血、藥物注射，以及不同暢通氣道的急救方法，因為在遺體上練習更貼近現實的情況，到了將來救護員在意外現場的時候，便可以有效提升傷病者的存活率。

一般解剖教學歷時最長約為七個月，但無言老師由醫學院接收、防腐、學生解剖，到火化、安葬，前後歷時會長達兩年，因此我想在這裏再一次感謝遺體捐贈者家屬的耐心等候以及對我們的體諒。

學會解剖　學會感恩

無言老師對學生的教導，從生活細節到行醫態度，也可謂影響一生。近年在解剖遺體的過程中，發現多了有關腸道的健康問題，通常發生於食道、肝臟、胰臟、大腸等等，這可能是近年市民生活提升，加上工作繁忙，食無定時，飲食習慣偏離健康有關。學生透過解剖中的觀察，他們更深深體會到飲食健康的重要性，時刻提醒自己要有一個健康強健的體魄，才能幫助他人。

無言老師的大愛感動了很多醫科生，他們知道遺體得來不易，亦會珍惜上解剖課的機會，無言老師的大愛更時刻提醒他們要努力習醫，成為一個好醫生，將來回饋社會。學期完結時，同學都親筆書寫感謝卡，以留言感謝無言老師大半年的教導。曾經見過有同學因為中文能力欠佳，於是邀請同學將他以英文書寫的心聲翻譯成中文，而他並沒有請同學代筆，反而一筆一筆地，花了十多分鐘將感言寫在感謝卡上。常存一顆真誠及感恩的心，是一個好醫生最基本的條件，同學對無言老師的感激，就是一種體現。

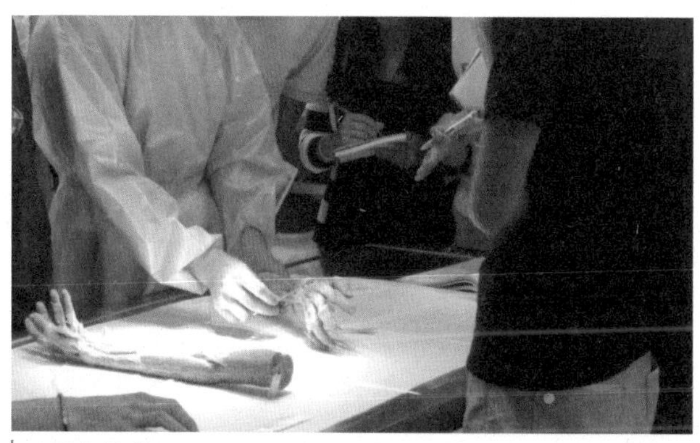

標本教學。

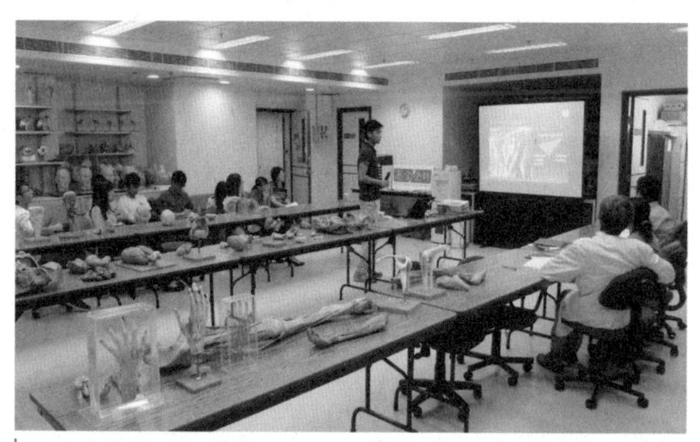

「蕭慶棠先生最佳學生解剖學獎」學生簡報情況。

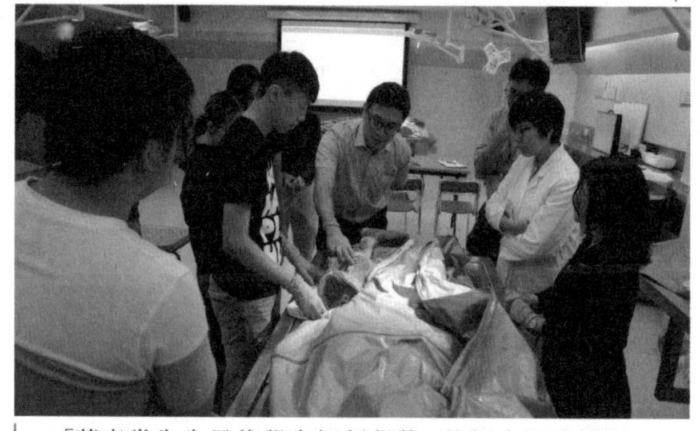

「蕭慶棠先生最佳學生解剖學獎」的標本評選情況。

不能取代的人體標本

陳新安教授
無言老師遺體捐贈計劃及解剖室主管
香港中文大學醫學院助理院長（教育）
香港中文大學生物醫學學院副院長（本科教育）
新亞書院副院長及通識教育主任

早前參觀新加坡國立大學的解剖實驗室時，發現當地停用遺體解剖作教學用途已多年，原因是社會仍未形成捐贈風氣，雖然近兩、三年情況好轉，但每年亦只得十多具遺體，當地學生需要自行報讀暑期課程才能參與遺體解剖，其他學生只能在人體博物館或電腦模擬器中認識人體結構。相比香港，近年的年均遺體捐贈數目已經逾百，除了足夠讓中大醫科生進行解剖學習外，更能開展其他醫療培訓工作，實在是種慶幸和欣慰。

老師競爭使用標本

現時，部分的捐贈遺體會經過塑化而成教學標本。過往人體標本的製作主要依賴兩位資深的防腐師——程大祥先生（程爺）和丁偉明先生，兩位可說是解剖室的傳奇人物。程先生擁有專業的解剖知識，長時間從事製作人體標本工作，同時深受同學愛戴，每到考試前，他都會「捉住」學生一起溫習，耐心排解他們的疑難，可惜他在二〇一〇年不幸離世，令人惋惜。至於丁偉明先生的父親更是香港遺體防腐的始祖，子承父業的他六十歲在香港大學退休後，在二〇一二年應邀到中大主管解剖室。除了與年輕一輩分享經驗，更協助設計新解剖室、購置合適器材、制定完善的塑化程序，讓標本可更有效保存，令中大的解剖設施進一步得到完善。

現時的人體標本製作則來自兩個途徑：

一、邀請內地解剖學家到中大製作，但他們本身也是公務繁忙，而且解剖室未能提供優厚的薪酬，因此並非每次邀請也會成功；

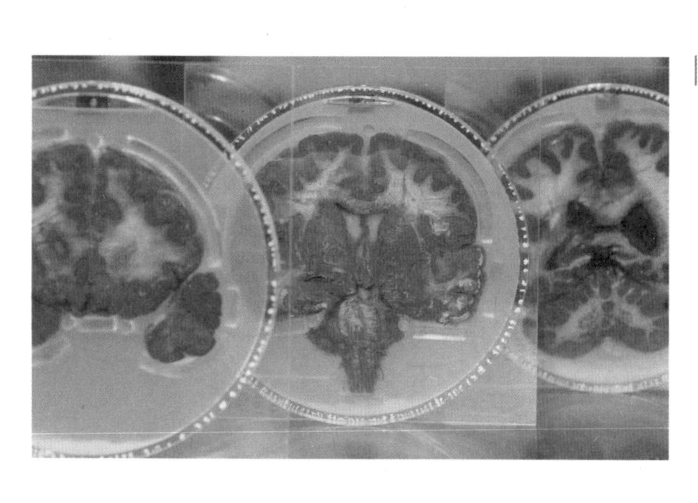

染色腦切片標本。

二、由醫科學生自行製作，他們會參與在暑假舉行的外科解剖工作坊，在製作標本之餘，更可以競逐「蕭慶棠先生最佳解剖學獎」。

然而，由於兩個途徑的製作數量均不算多，遠遠不能應付現在的學生需要，加上新科目如中醫、生物醫學等出現，老師常要競爭使用標本，這情況絕對需要作出改善。

3D模型難以取代

人體標本對於醫科生學習是不可或缺的。我們會用遺體的一部分作為解剖教學，當中的肌肉、血管、器官等仍會保持濕潤和柔軟度，同學可以學習剖開腹腔，觀看當中的結構。至於遺體其他部分則會進行塑化處理，以製作人體標本。這些標本無害，亦無氣味，卻能清楚展示當中的血管和神經線等分支脈絡。除了醫科學生，這些標本亦可為藥劑、中醫、生物醫學、護理，甚至大學通識教育課程的學生作為教材，一些專科的外科及骨科學院，更會向我們借用這些人體標本作考試用途。

雖然這些標本一般可存放十多年，但香港天氣潮濕，損耗速度比想像高，即使標本室已裝有二十四小時的抽濕系統，仍難避免標本出現發霉情況。另外，在教學、考試和搬運的過程中都會出現損耗，例如教學時需要用針刺入指定部位等，久而久之都會令標本損壞。

我們曾經嘗試購買經醫學影像重組器官的三維模型，最初以為可代替部分遺體製作的標本，及後發現這些3D模型不夠仔細，特別是細微的神經線分佈並不理想，而且相當脆弱，容易損毀，加上售價昂貴，故現在只會給同學作參考用途。我們亦嘗試運用一台功能強大的一比一人體模擬解剖電腦系統，展示細緻和清晰的人體組織影像。然而同學對這部高科技儀器的反應十分冷淡，大部分同學仍然埋首解剖枱上學習。這也可以預期和理解，雖然外國現在仍有很多學院以類似的電腦器材作解剖的教學工具，但無論3D模型抑或電腦儀器，都難以與真實的遺體相比。所以，在供應不足而需求愈來愈殷切的情況下，製作大量的塑化標本依然是我們的重點工作項目。

由一位有心人從外國引進，並慷慨捐贈到中大解剖室的「人體模擬解剖電腦系統」。

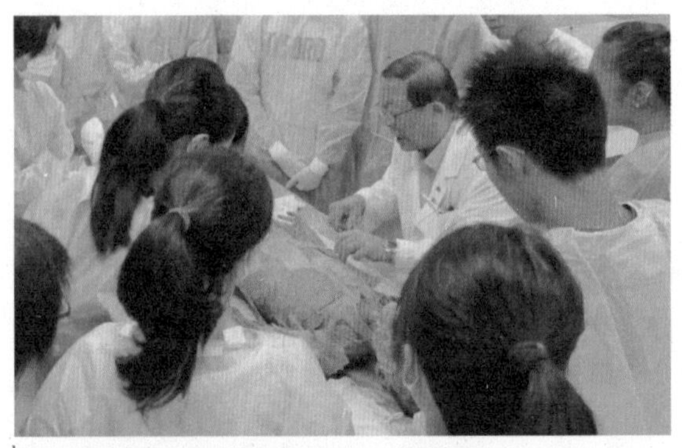

丁偉明先生是遺體防腐的一代宗師。

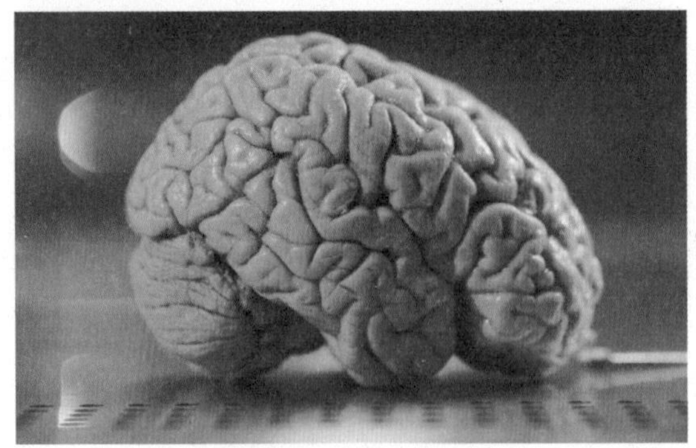

若果此人腦標本沒有製成「塑化標本」，其實標本可能會像豆腐花般慢慢溶化在桌上了。

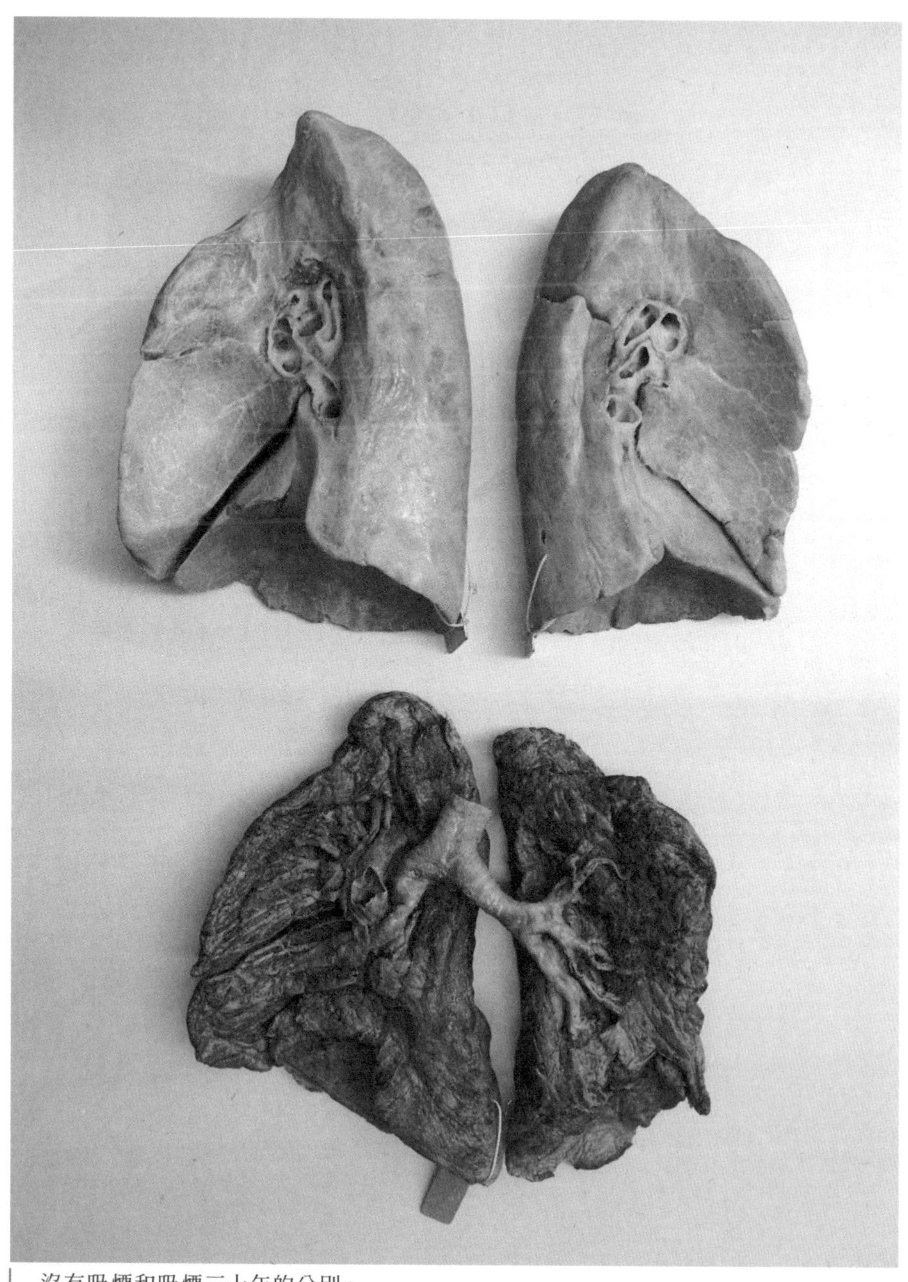

沒有吸煙和吸煙三十年的分別。

無言的支撐者

鄭振耀教授
矯形外科及創傷學系系主任
卓敏矯形外科及創傷學講座教授
矯形外科及創傷學進修培訓中心主任

縱使科技日新月異，但世上還有很多東西仍然難以模仿甚至無可取代，身體就是其中之一，我預期將來骨科醫生對遺體研究的需求只會有增無減。

現時骨科治療的工作主要包括手、腳、脊柱、創傷、骨折、小兒骨科（矯形）、骨腫瘤、運動醫學、長者關節修復等。記得早年的骨科學生和醫生只能在塑膠製的仿人骨模型上進行練習，然後跟隨師傅「上枱」，慢慢累積經驗，但真人的骨骼與模型實在不能相提並論，這種訓練模式並不理想。由於我們經常要在骨架中裝嵌螺絲、落鋼釘、鋼板，在一個塑膠製模型上練習，根本沒有實際的手感，而且進行手術時不只是要面對骨骼，在手術刀接觸到骨之前，亦會穿越各種皮下組織、肌腱、血管、神經線等，這都是一個膠製骨模型所不能替代的。

我們不能找動物做練習，因為兩者的結構不同；於是我們亦有從外國訂購人體標本，但訂購需時，而且期間要經過繁瑣的清關程序，價錢亦非常昂貴，對於為醫生開辦培訓工作坊存在不少不確定性，除了要把標本運送到港，用完後亦需要把它們部分送回原地，然後在當地火化，耗時亦耗費。故此，無言老師的計劃為我們帶來了不少便利。對於一些較複雜兼需要絕對精準的手術類型，例如微創手術等，我們都要求學生或在職醫生必須在遺體上進行實習，這方面對遺體的需求相對更大，如果當年沒有遺體供應的時候，我們便需要到外國（如美國等地）完成有關課程，才能在香港進行相關手術。

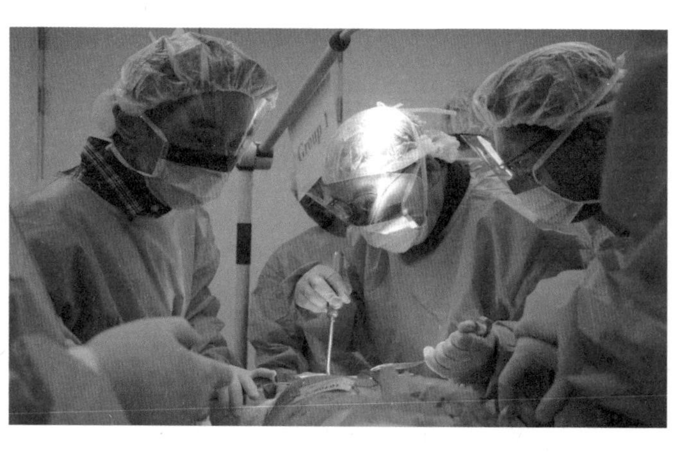

脊柱骨科顧問醫生在無言老師身上，向醫生們示範及傳授脊柱手術技巧。

掃描遺體累積數據

一九九九年設立的香港中文大學矯形外科及創傷學進修培訓中心（OLC），於二〇一一年開始與解剖學系合作，及至翌年可正式使用大學提供的無言老師進行教學。當年中大首創了一種特別的防腐方法，令遺體減少氣味之餘，更可令其皮膚、器官等組織保持柔軟度，甚至血管和神經線等亦能保持濕潤，而且清晰可見，學員可以剖開皮膚，學習面對組織之間的連鎖關係，以及處理真人的手術程序和技巧，例如盆骨的部位包裹較多肌肉，結構較其他位置的骨骼複雜，相關手術成功的關鍵不在於能否找出和處理有問題的骨骼，而是能否在手術刀深入的過程中做到最少程度的傷害，這是做多少個模型練習也沒法得到的寶貴經驗。

無言老師的加入，令OLC不只可以減少從外地購買人體標本，亦可擴展更多骨科醫學的教學範疇。現時OLC有六至七成課程都有人體標本和無言老師的參與，讓受訓醫生可模擬練習不同手術程序，專科醫生亦不時前來重溫和了解最新醫療器材和治療方法。無言老師亦為骨科的數據庫提供難得和永久的三維影像和數據存儲，輔助研究和參考。以往對活人進行影像掃描以取得有關資料，雖然只是適度的幅射量，但始終對身體造成一定影響。如今有無言老師，我們不只可以掃描遺體，更可加大幅射量，令身體各個組織可以更清晰和細緻地以高像素的影像展示出來（高幅射影像掃描可細分達一萬八千至二萬個區域），成為醫生日後面對不同案例的重要參考指標。

遺體需求只會續升

OLC一般只會取材無言老師的手、腳、脊柱等部分，當完成教學用途後便會送回解剖室，連同完整身軀一同火化，工作坊期間與醫科學生進行解剖時一樣，醫生學員都會在事前進行默哀，以示對無言老師的尊重和謝意。

雖然人的骨骼結構和組織大致相同，但不同年齡、性別、居住地區以至國籍的人體骨骼結構都會略有不同，這不只是大小的分別，而是男女的骨質密度、盆骨結構和脊骨角度都會有分別，所以愈多遺體數據儲存，精準度便會愈高，手術前便可以有更多的真實數據讓醫生參詳，從而增加成功率，在這方面來說，無言老師捐贈計劃對於我們的未來，是有很大的可發展空間。

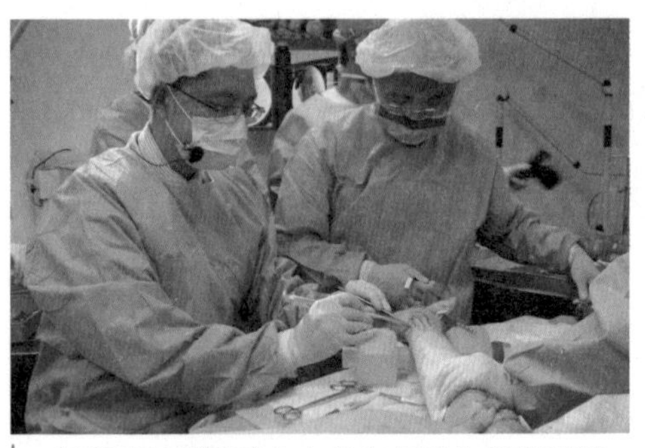

創傷骨科顧問醫生在給年輕醫生們認真講解下肢解剖知識。

人骨標本。

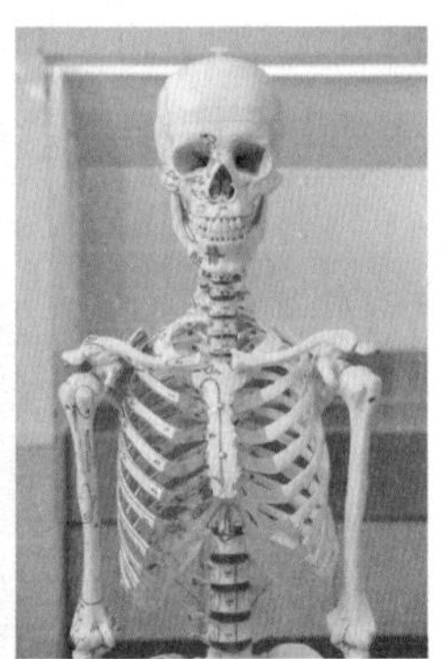

人骨模型。

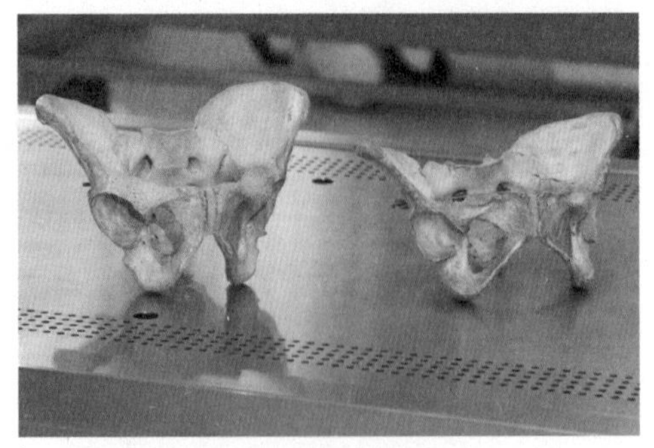

左為男性盆骨，右為女性盆骨。

外科精神，刀下留人

吳兆文教授
香港中文大學醫學院助理院長（學習體驗）
香港中文大學醫學院外科學系結直腸外科教授

有人會問，新手醫生為病人施手術前，究竟如何練習呢？

以往的這些手術訓練，我們多會先透過豬隻來開始練習手術技巧，但就算「劏豬劏得好」，也不能理解為「劏人也劏得好」。一般初級外科醫生只能夠跟在師傅後面，邊學邊做，平時亦只能依靠在豬隻身上進行手術練習。自從遺體捐贈的供應相對穩定，我們不但可以累積在遺體身上施行手術的真實體驗，透過開設相關課程，更可裨益本地及東南亞的醫生，讓他們把醫術傳承。

在從前的學徒制之下，外科醫生在施行手術前，都是跟隨師傅「See One, Do One, Teach One」，學習後便要在活人身上開刀，期間沒有實質的訓練機會。即使航空公司訓練機師，也會用模擬駕駛艙進行切合實況的訓練，但我們多年前的模擬器訓練卻十分「土炮」，最初只是用一個鑽了幾個孔的紙皮箱，放進一些膠珠，裝入鏡頭，然後練習「穿珠仔」，以訓練縫接技巧；後來會購買一些豬腸，做一些簡單如接駁腸道、結紮血管等手術練習，甚至現在我們也有用一整隻豬做訓練，在獸醫和道德倫理委員會的監察和審批後，我們便會麻醉豬隻，練習基本的手藝、利用儀器進行不同部位如割盲腸等手術。

依靠捐贈遺體提升實戰經驗

現時，外科醫生需要經過兩年基礎理論及四年高級培訓，共六年的專科培訓才能進行相關工作，除了個別參與人類遺體手術的相關課程的學員，他們最多亦只會用上豬隻來作練習。而微創手術的練習並不能以豬來代替，因為當中除了涉及較新型的儀器如電刀等運用，同時要求更高的手術技巧，學員需要重新進行手術訓練，例如學習機械微創手術時要學習透過控制台屏幕認清解剖位置，控制機械臂施行手術，習慣如何在三維空間中微調手術刀切入角度、進行縫合等，所以在真人遺體上練習是必須的。

各地醫生前來培訓

慶幸得到市民的捐贈，現在我們接收的遺體數量尚算充足，可以每年開設五至六個相關課程，包括大腸外科、頭、頸外科、泌尿科、矯形外科等，除了惠及本地的外科醫生，我們更邀請來自亞太地區包括新加坡、日本等醫生前來進行培訓。這是因為新加坡的遺體捐贈風氣仍未盛行，當地極其缺乏有關課程，日本更加是禁止向遺體進行教學用途。所以，我真的希望可以讓更多香港市民知道，他們的捐贈不只可以惠及本地的醫科學生和現職醫生，甚至可以造福其他東南亞國家，幫助更多病人。

除此之外，由於得到無言老師的幫助，資深的外科醫生更會走到中大的解剖室，向醫科學生親自示範手術過程。記得第一次向二百多位醫科學生全面地示範真正的手術流程，那真是一次難忘的經歷：當時我是示範一個小腸氣（疝氣）手術，這跟學生在學習解剖時不同，以往他們只是認識各個器官特點、位置，甚至可以拿起部分用作研究，但今次我是示範了一個真實的手術過程，由剖開皮層開始，逐層讓他們認知哪些部分可以留下，哪些部分不可以觸傷，哪些部分需要切除。同學反應比預期好，因為他們都覺得以前只是理論課較多，現在可以把這些理論應用到真人的身體上，這會是前所未有的難得體驗。

如果將來解剖室能得到擴充，市民捐贈遺體和存放遺體的數目增加後，我們便可以開設更多有關課程，讓更多醫科學生和醫生受惠。

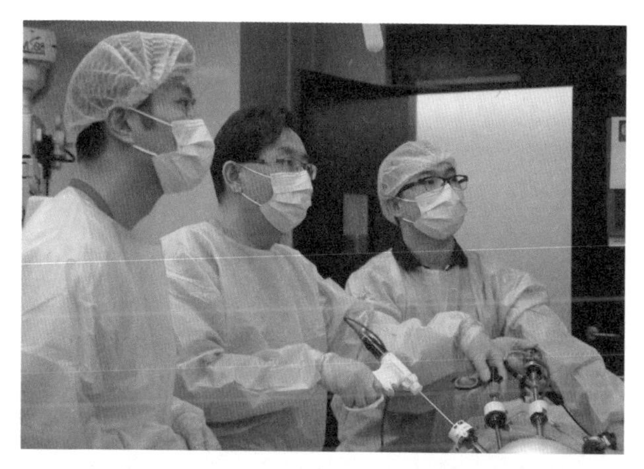

吳兆文教授（中）示範在無言老師身上的模擬手術。

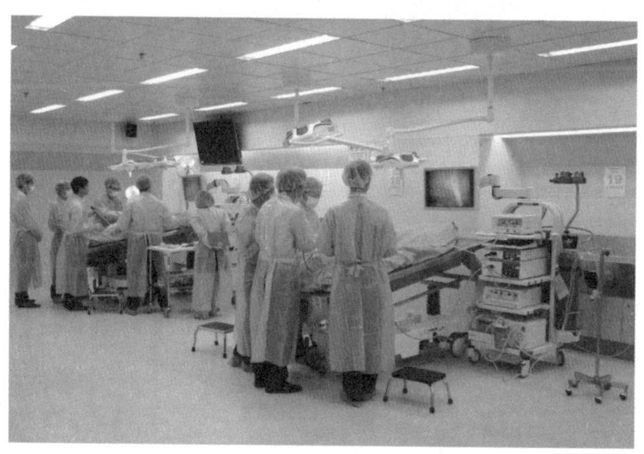

中大解剖室內的模擬手術訓練。

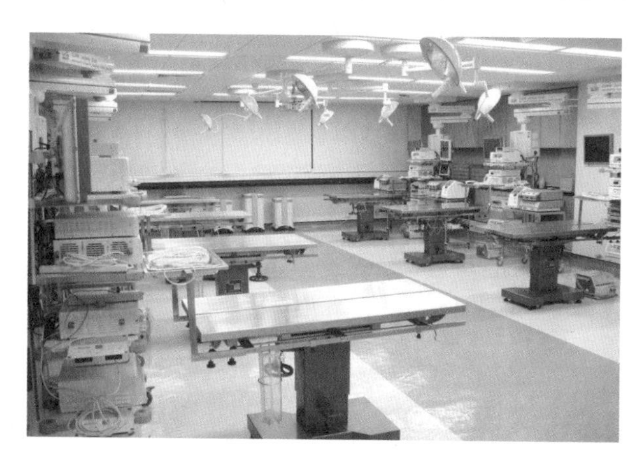

香港中文大學賽馬會微創醫療技術培訓中心，全亞洲首間多功能外科手術訓練中心。

通往耳鼻咽喉的微創狹道

張慧子醫生
耳鼻咽喉頭頸外科專科醫生
香港中文大學醫學院名譽臨牀助理教授

「未知生，焉知死」。死亡一直都是中國人的忌諱。因為無知，在考進醫學院前的我對遺體是充滿了恐懼。猶記得第一天走進中文大學醫學院的解剖室是那麼的戰戰兢兢。通往解剖室的走廊是福爾馬林的味道和牆上的醫學海報。當陳新安教授和程爺介紹我們面前的遺體其實是無人認領的無家者時，心裏卻有一種莫名的憐憫。如是者我們一組同學就這樣和這位無家者共度了醫學院兩年的解剖課。在這兩年裏，我慢慢地認識了人體、認識了醫學、認識了他。

他是一個很瘦很瘦的中年男性，睡在冷冰冰的鐵牀上。應該是抽煙抽了好一段時間，他的肺部都是黑黑的，右肺葉更有一個腫瘤。他的肌肉很薄，紋理卻很清晰。神經系統、循環系統、腹腔、盆腔等都讓我們了解到人體的奧秘。醫學院第二年解剖學課程所教的是比較複雜的頭頸解剖，同學們都嚴陣以待。真是學海無涯，學習到了頭頸解剖則不能不讚歎造物者的複雜與精準。人體最小的聽小骨、人體最硬的岩尖骨、人體最重要的腦血管和腦神經線……美妙得讓人目定口呆。然而，他的頭骨有裂痕，顱內出血。這應該是致命原因。當下的我在問他：「在死亡前的一刻，你在想什麼？有思念着誰嗎？對人生有後悔的事情嗎？」在世人的眼內，一個無家者的死亡並沒有什麼意義。而對我，一個二年級的醫科生卻很震撼。他，是我的第一位無言老師。因為他，我決意成為一個醫人也醫心的醫生；因為他，我愛上了聽小骨，愛上了頭頸外科裏的複雜解剖病理；因為他，我決定為醫學的進步貢獻更多。

離開了解剖室，完成了醫學院課程、實習，成為了一個外科醫生——耳鼻咽喉頭頸外科醫生。外科醫生對於解剖理解的要求更高。為了病者的安全，所有外

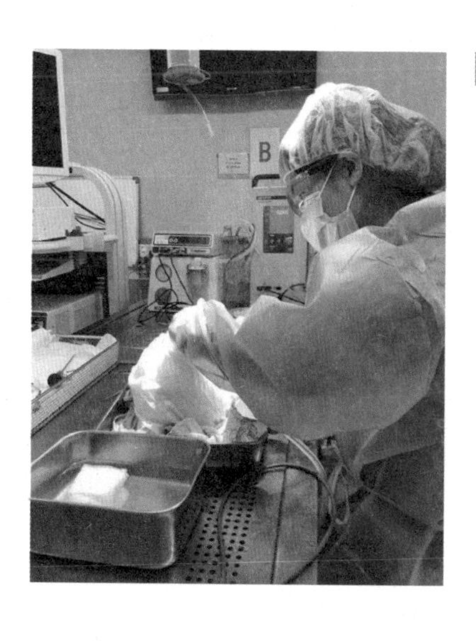

在解剖室做大量解剖研究和練習。

科專科考試都必須考核人體解剖部分。因此，七年後（實習後兩年）和十一年後（實習後六年）我回歸了中文大學醫學院的解剖室複習。煥然一新的是，解剖室換了新的裝修，長長的走廊是「無言老師」的芳名、大家的感謝函、對醫學貢獻的新聞報導……這，不正是當年我心裏感動的、感謝的現實版嗎？就是這一點的感動，我主動認識了伍桂麟先生和「無言老師」計劃。

在耳鼻咽喉頭頸外科專科畢業後，有幸在唐志輝教授的帶領下開展了經耳道內視鏡耳科微創手術的研究發展。這是一個全新的手術概念，要求的手術技巧也相當高。試想像大部分的耳科手術以致顱底手術，在沒有皮膚切口，只是經過外耳道就能完成，解剖角度、技術、儀器也要從新研究，重新適應才能靈活應用於病人身上。在引入技術後、真正手術前，我們要做大量的解剖研究和練習。在沒有「無言老師」計劃前，大部分遺體都要從外國訂購。所費不菲之餘，外國人和中國人的結構也有相當的分別，例如耳道的大小、耳膜的硬度等等。這次在伍桂麟先生和「無言老師」的幫助下，我們能用大量的顳骨作重複性研究練習，很快我們就能上軌道並且做出突破，發展一些新的手術技巧以致向世界展示我們的研究成果。

三年以來，我們舉辦了多個有關經耳道內視鏡耳科微創手術的國際性研討會和解剖班，有多於二百個來自世界各地的耳科專家到來學習。就此，已經有超過一百位無言老師參與其中。除了耳科會議，我們每年也會有頭頸外科、喉科、鼻科、整型外科等等的解剖會議。在每一次的解剖課開始前，我們都會為無言老師靜默一分鐘，以感謝他們的貢獻和教導。當來自世界的專家們了解到「無言老師」計劃後都無不讚好，一是感受到捐贈者和家人的付出和大愛；二是感受到醫學院和「無言老師」計劃對他們的尊重和認同。這是對去世者、對其家人、對醫學院、對學生以致對將來的病患者都有莫大裨益。更有部分外國的專家老師說笑的說，怎樣才可以申請死後來香港當無言老師？要馬上填寫申請表並交上履歷！當下，我為醫學院和無言老師感到萬分的自豪。

近來，我和唐教授在撰寫一本有關於顯微鏡及內視鏡耳科手術的國際醫學書籍。在嶄新科技的幫助下，我重新看到了更精準的人體最小的聽小骨、人體最硬的岩尖骨、人體最重要的腦血管和腦神經線……和十四年前一樣美妙得讓人目定口呆。看着我解剖刀下的那位無言老師，她是一個祥和的婆婆，嘴角還帶着微笑，我又想起了「他」。我希望當天的他會為我，也為他自己感到自豪。

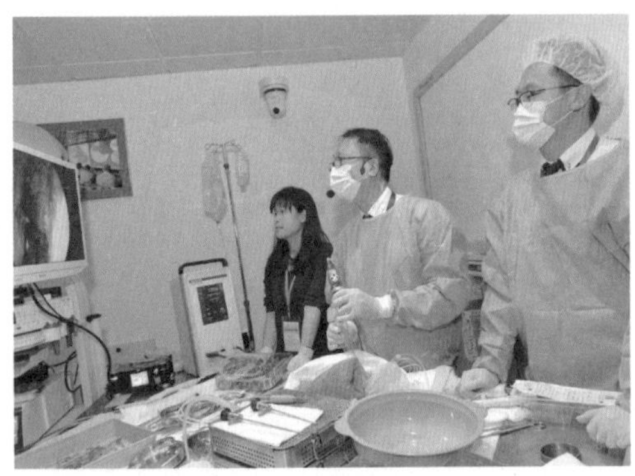

解剖會議教學（唐志輝教授）。

耳蝸及神經線。

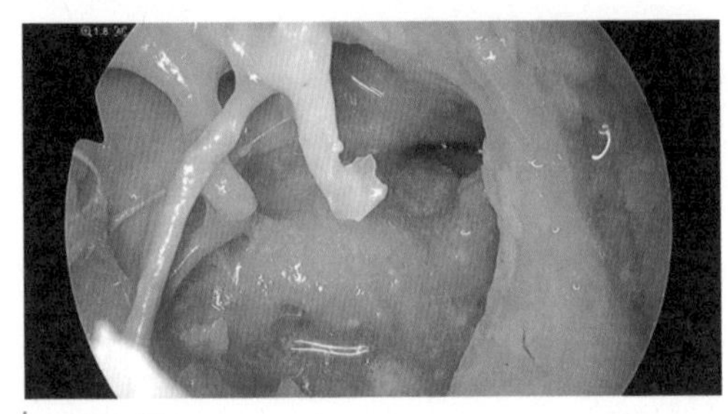

聽小骨。

提高施針信心與準繩度

鍾偉楊醫師
註冊中醫師
香港中文大學中醫學院講師

一直以來，解剖學予人的印象只屬於西醫醫學範疇，對於着重經脈、穴位和針灸治療的中醫來說，似乎是南轅北轍。直至無言老師計劃的推行，中醫學生方透過接觸遺體及用以進行實習，才大大擴闊了眼界，讓中醫學生以至中醫師臨牀斷症的精確性和安全性都大幅提高。

中醫學院於二〇一三年加入醫學院，同時面對新高中學課程改革的機遇，中醫學院與生物醫學學院合作，為新學制的中醫學生重新設計解剖學課程，加強了骨骼及肌肉結構的學習內容，為他們日後學習臨牀中醫學的針灸科及骨傷科打好基礎。

以針灸科為例，解剖課程重新設計前，中醫學生只能透過教科書圖片、塑膠模型及多媒體課程來學習基本身體結構及穴位位置，然後利用肥皂練習施針技巧，繼而嘗試在自己身上，甚至同學間互相施針進行操作練習。即使近年國內院校研發了矽膠針灸練習模型，但與真人的身體仍有差別，又因添置困難、容易損耗，故未能廣泛採用。種種限制之下，中醫學生在學期間對身體結構認識未深，又缺乏操作經驗，尤其是頭面、軀幹部穴位的操作技巧，到畢業後應診時要真正為病人施針，難免缺乏信心，甚至影響施術安全。

解剖學為尋找穴位的GPS

最初我是以客席講師身分出席研習解剖過程，發現以遺體作實習可大大提高學生的信心與準確度，於是便積極聯絡醫學院，研究能否讓學生參與解剖學系相關的課程，與醫學院合作參與無言老師的解剖學習。

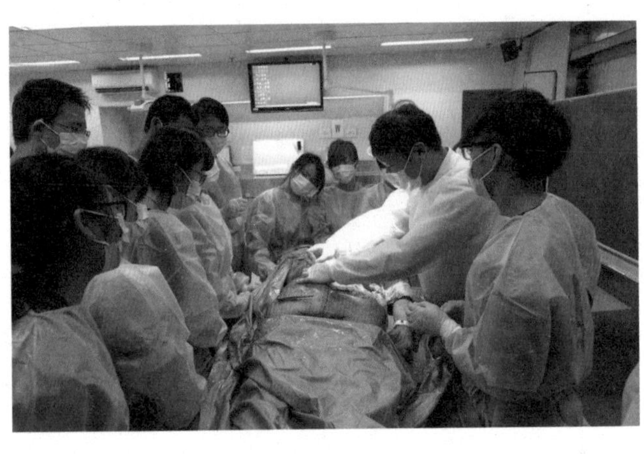

輕度固定方法處理過的遺體，皮膚柔軟度和彈性都與活人相若。鍾偉楊醫師向中醫學生示範在無言老師身上施針，學生可以從中體驗進針過程。

中醫解剖學課程主要為二年級下學期的學生而設，共有八節，每節三小時。一般都會以一個完整的遺體開始，學習尋找體表骨性標記、針刺深度測量方法及執刀技巧等。中大醫學院對遺體處理方面研製了重度和輕度固定方法，這可以理解為前者使用的防腐劑量較多，後者則較小，而中醫學生一般會用上輕度固定方法處理的遺體，好處是這一類遺體的皮膚柔軟度和彈性都與活人相若，這可以令學生在施針時真實地感覺一下指力的運用，讓他們可以放膽施針，例如在頸部、胸肋部、甚至眼部的穴位，掌握落針的位置、深度與角度，並透過分層解剖的方法和分析，立即知道自己施針的準確度。

中醫的穴位與西方的解剖學息息相關，同樣會參考人體骨骼標記、肌肉的長度等資料來定位，解剖學就如一套GPS系統，有助制定一張學習針灸、找尋穴位的地圖。以往只能在一比一的塑膠模型上練習尋找穴位，同時辨認相關的骨骼和肌肉形態，雖然也曾用上真人示範，但學生往往會感到尷尬。現在透過無言老師，除了讓學生更易掌握人體表面能夠觸摸的結構，更能在簡單的切割手術中，進一步了解皮下組織及內部結構。例如女性的皮下脂肪比男性的豐厚，亦影響穴位深度，學生可透過解剖和直接量度，比較不同身形的針刺深度要求；又例如解剖內臟，可以觀察胸壁的厚度、子宮的正確位置，以及如何實施安全針灸操作，都是教科書未有詳述的。凡此種種的發現對中醫學生來說可謂是前所未有的體會。

提早學會老中醫師的秘技

以前老一輩的中醫師都有一些秘技，例如透刺法，即施針時可以由肢體的一

透過簡單的切割，學生可觀察不同層次的結構形態，更能直接測量針刺深度，比較不同位置施針的方法。

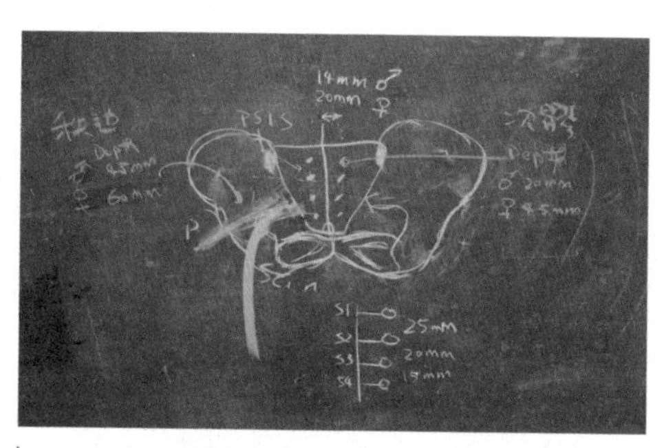

學生可在解剖過程中比較男女結構差異。圖為上課期間的手繪記錄，顯示盆腔大小及附近穴位的位置分別。

面貫穿至另一面，以疏理經脈，暢通血氣，過程中不會流下一滴血，這種技術可能要經過數年的臨牀實證才可以學到，如今透過講師對遺體的示範，中醫學生毋須等待師傅傳授，也可以提早「睇穿」這種秘技。

現時香港共有三間院校提供中醫課程，據知只有中大的中醫科與解剖科有如此密切的合作關係，而內地院校在輕度固定方法上不太普遍，而且師生比例（一位老師教授百多位學生）比香港高，相對香港的學生會有更多動手實踐的機會，這無疑提高了學員的臨牀處理質素。

雖然第一批在無言老師身上學習的中醫學生今年才畢業，但我很期待他們的臨牀表現。我深信先有整全的訓練才去執業，對社會是一種責任。現在中醫與解剖學系合作只有約四年，教程上仍有很多改進的空間，我希望往後的畢業生明白到，今天可以在遺體身上學習和得益，這絕不是天掉下來的，而是基於無言老師的無私奉獻，希望學生能夠藉着這份奉獻精神和實踐機會，把學習到的所有在將來展現出來，在此衷心祝福他們。

治病無小事

薛詠珊醫生
家庭醫學專科醫生
香港中文大學醫學院賽馬會公共衞生及基層醫療學院臨牀助理教授

轉眼間，我已經當了十四年醫生。回想當初畢業時，我對家庭醫學興趣不大，只是當時在沒有太多的選擇下，半推半就下開始家庭醫學的培訓，心中也做好隨時轉科的準備。然而，在工作上與病人的頻繁接觸，與及受到一位我十分尊敬的老師的影響，開始認識到家庭醫學不平凡的一面。家庭醫生在基層醫療中是重要一員，每每是病人的第一個求助點，所處理的疾病也是五花八門的。他們需要透過良好的問診技巧，為病人作出初步診斷，然後按病情的嚴重性來安排治療或作出適當轉介。倘若家庭醫生的角色能夠得到良好發揮，對整個醫療系統及社會健康也會帶來改善。這些都令我立下決心投入家庭醫學的臨牀、研究和教學工作上，為基層醫療多做一點。

生死故事

五年前，我開始在香港中文大學家庭醫學院工作，並因緣際會下，被安排替一群患有多種長期病患、生活較為貧乏的長者提供門診服務。五年過去，我送走了好幾位老友記，亦陪伴了一些失去老伴的病人度過了一段長時間的哀傷過渡期，當中某些的人和事，教我印象深刻。

還記得有一位老伯伯每天風雨不改，前往醫院照顧患有失智症的老伴。事實上，他太太因失智症的關係，已經認不出眼前人是曾經挽手共度人生數十寒暑的摯愛，但這並不影響老伯伯對太太的愛與承諾，他仍然每天定時來到老伴的牀前餵吃抹身，甚至早已為彼此的身後事做好準備，包括要求親人在倆人身故後進行合葬，希望不論於生前還是死後，仍舊可長伴於髮妻身旁。

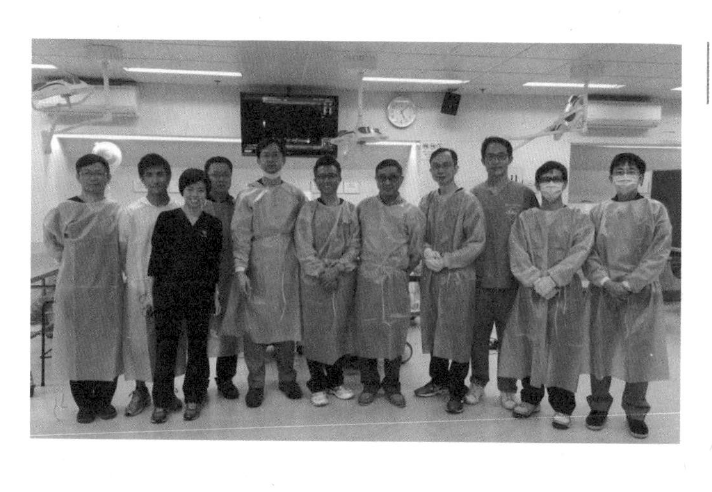

遺體教學團隊。（左三為薛詠珊醫生）

相較之下，有一位婆婆卻巴不得早點離開她的丈夫！這位婆婆每次覆診時也來去匆匆，總是希望盡快完成後離去。原來她的丈夫因病而不良於行，不僅需要她全天候的貼身照顧，還常常無故大吵大鬧，倘若婆婆稍有服侍不周，便向婆婆大發脾氣。每次跟婆婆談及這些事情時，婆婆也淚眼盈眶，哭訴生活壓力之大，有時甚至希望丈夫快點離開人世，好讓她及早脫離苦海。然後有一天，她覆診時不再趕着離開，也沒有絮絮不休投訴丈夫的各種不是。她平靜地告訴我，她丈夫走了，她終於擺脫了照顧重擔，卻同時發現自己失去了生活的目標和動力，不知道該如何繼續走自己的路。

有一些照顧重擔，並不會因為死亡而停止。有一對老夫婦，需要就各種慢性疾患而長期覆診。縱使頑疾纏身，他們對死亡一事卻沒有太多忌諱，對離開這個世界已做好心理準備，唯獨是他們的獨生子最叫他們掛心，全因這名兒子患有自閉症，情緒自制力較差，難以與人溝通及在社會謀生，更有一次，兒子因為情緒失控而失手把年邁的母親推跌於地上，令母親骨折而需入院治療。儘管如此，雙親對兒子沒有半點怪責之意，只是更擔心他們倆老百年歸老後，兒子便失去了唯一的依靠，他的生活起居如何是好！

控制痛症讓生活過得好一點

這些病人背後的故事教我認識到，病人的苦惱何其多，而醫生能力有限，只能夠盡力減低疾病對病人的影響。例如普通科門診最常遇見的各類痛症，這雖然不會帶來性命威脅，卻可嚴重破壞患者的生活。以常見的關節發炎腫痛為例，它

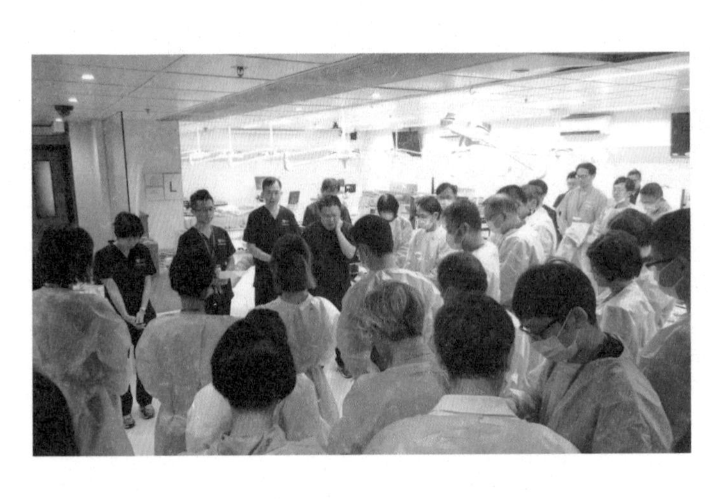

胡永強醫生帶領遺體教學前的祈禱。

除了有機會導致關節變形，痛楚本身已足以限制患者的活動能力，令患者無法隨心所欲地使用四肢。

在適合的情況下，於疼痛關節進行注射治療有助止痛及改善關節活動能力，令病人不用捱着疼痛過日子。注射過程簡單卻不容易，這是由於關節附近有不少神經線、韌帶及筋腱等，倘若注射位置有所偏差，有機會傷害這些重要組織。故此這個治療程序主要由骨科醫生負責，或由其他曾接受相關訓練的醫生進行，一般基層醫生未必有足夠能力處理。

「無言老師」「親身」提升基層醫療關節止痛技巧

事情於二〇一五年出現變化。當時中大「無言老師」遺體捐贈計劃除了提供死者遺體予醫學生認識人體結構外，也開始支持醫學深造課程，讓已經執業的醫生提升醫學技能。在這個情況下，中大基層醫學院申請開辦短期訓練課程，藉「無言老師」充當患有關節痛症的病人，以教導基層醫生關節注射類固醇的技巧。

作為這個課程的主辦者，我深深感受到「無言老師」對這個課程的重要性，「他」讓參與課程的醫生可實實在在於血肉之軀上練習注射方法。即使發生錯誤，這位「老師」也不會「責罵」，並給予改正機會，讓接受訓練的醫生在練習過程中，逐步掌握施針的正確角度及深度。倘若沒有「無言老師」的協助，整個課程只落得紙上談兵，教學成效必然大減，故此我對每名「無言老師」都充滿濃濃感恩之心。儘管當我還是醫學生上解剖課時，已曾經近距離接觸「無言老師」，但是次的重遇卻給我更深刻的感受。即使明知「他們」都只是一具具冷冰冰的軀體，但在我眼中卻是有生命的機體，每當因教學關係而需要擺弄特別姿勢時，我也會小心翼翼地移動他們的四肢，及鋪上軟墊，就像看待一個活生生的病人般，不希望弄痛他們。

此課程自二〇一五年開辦後，每年收生情況理想，顯示關節痛症處理有龐大的醫療需要；而醫生完成課程後，均表示對關節注射增加了信心；也有完成此課程的醫生向我們反映，透過為關節痛患者進行注射治療，能夠成功改善癥狀。凡此種種，都是由於「無言老師」的默默付出，為提升基層醫療的痛症處理所作出的貢獻。

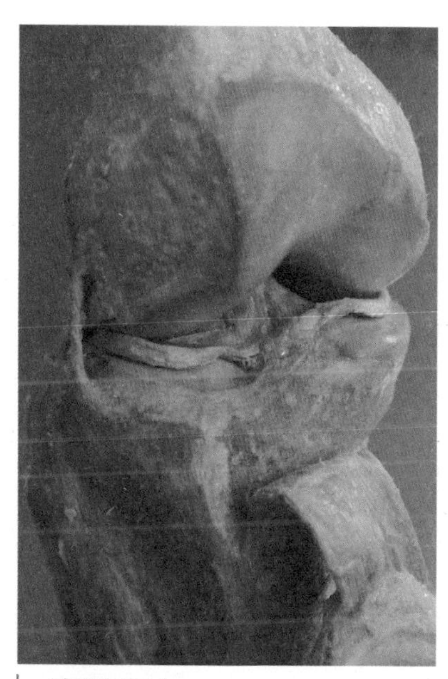

膝關節標本。

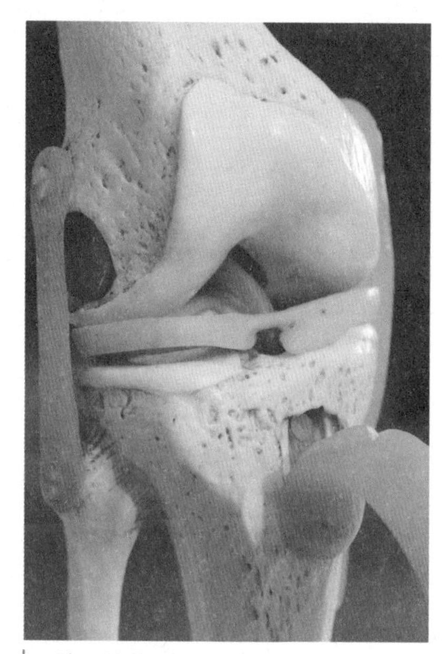

膝關節模型。

救護員的新老師

蕭粵中醫生
急症專科醫生
香港消防處消防及救護學院醫務總監

香港消防處的救護員是專業的紀律人員，入職後須要留宿接受為期二十六週的基本急救及體能訓練，而且受紀律約束。畢業後，救護員在累積三年或以上的工作經驗後，需通過隊目考試並獲合格成績後，才有機會被救護站主管挑選接受EMA II（二級急救醫療助理人員）的訓練。現時，所有香港消防處的救護車都由最少一名擁有EMA II資格的救護人員當值，他們能即時替傷病者檢查斷症，繼而按治療程序評估並於適當時即時施藥。例如，為心臟病發的病人施予亞士匹靈（Aspirin）、「脷底丸」；為哮喘病人施予氣管擴張藥。此外，擁有更高級治療技術的救護人員甚至可以為傷病者提供喉罩氣管、拼合氣管、靜脈／骨內注射腎上腺素等治理程序，以提高傷病者的存活率。

以往的救護員在訓練的過程中，需要憑想像於人體模型上累積「經驗」，現在有了無言老師，學員可以在真實人體身上得到實習機會，提升效率之餘，亦能提升他們在現場急救時的信心。

在參與無言老師計劃之前，EMA II等學員在訓練期間只可以用上不同的人體模型進行實習，但效果並不理想，因為模型與真實人體始終存在差別，單單在質料上已有很大分別。最簡單的例子就是舌頭，傷病者在昏迷狀態下的舌頭會向下墮，這樣會阻礙呼吸氣道，必須盡快處理，但人體模型便很難模擬到這一種情況。另外，我們發覺學員在人體模型身上做喉罩氣管的練習時，看似很快便能掌握要訣，但在真實人體身上做相同的處理時，往往需要多點時間才能將所學技術實踐使用。事實上，即使人體模型與真實人體的結構大致相同，但每位傷病者總會有些微分別，正如每一個人體模型的血管位置都一樣，但真實人體每個都不會

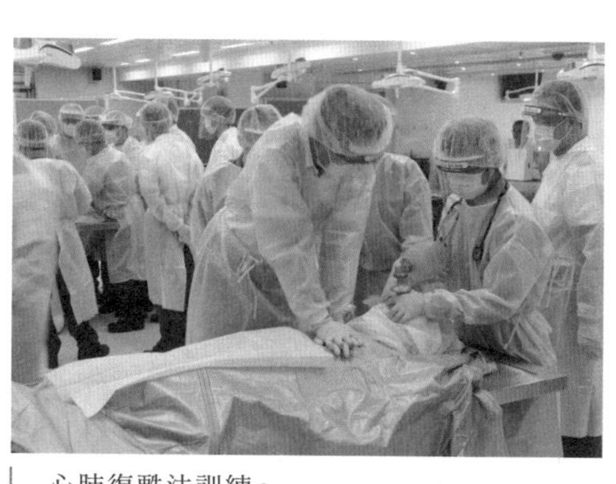

心肺復甦法訓練。

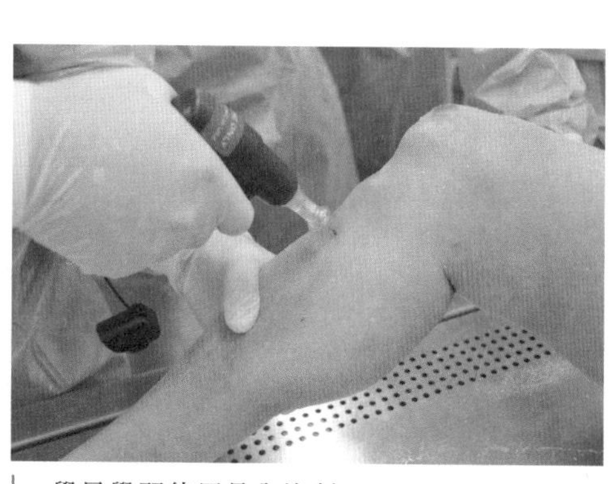

學員學習使用骨內注射。

相同，所以過往由模擬轉化為實際操作時都會遇到一定困難。

模型與實況存在差異

如果你有參加過坊間舉辦的急救課程，相信也會感受到，在人體模型上進行心肺復甦法的時候，只要跟足導師指引便可以應付，因為練習與考試的時候也只會用上相同的模型。但在實際需要進行心肺復甦的時候，則要視乎情形而定，例如老人的骨骼較為脆弱，如果用上相同的力度進行心外按壓，可能會直接壓斷病人的胸骨，這也印證了人體模型與實際進行救援時存在的差異。

自從二〇一五年八月參與了無言老師計劃，至今已進行了十三次培訓，超過三百五十多名救護人員進行過實習，其中 EMA II學員便佔了約二百五十位。他們在無言老師身上會集中實習三個範疇，包括：一、氣道處理：使用喉咽管、鼻咽管、喉罩氣管和拼合氣管練習；二、創傷及止血處理：使用止血帶、止血敷料；三、心臟停頓處理：心肺復甦法、骨內注射等。另外有其他雜項練習，包括模擬腸外露處理、氣胸處理、牙齒脫落等。

學員參與無言老師後返回訓練單位後也會一起檢討成效，而學員反應相當正面，不只認同無言老師的計劃和理念，更重要的是學員在「老師」的身上實習後，去到救援現場時會更有信心處理傷病者，尤其於處理喉罩氣管方面效果最為顯著，直接提高傷病者的存活機會和治理質素。無言老師的影響力，其實由救援的第一刻，已為我們提高了一份保護，以生命影響生命！

第二章

死後遺愛
捨身成仁

如何向家人交代及準備

朱雅穎
香港中文大學醫學院無言老師遺體捐贈計劃助理
伍桂池
香港中文大學醫學院遺體防腐師

香港有很多善心人，覺得捐獻自己當無言老師可以幫助更多的人，很有意義，但在你簽署成為無言老師或之前，也需要有一些準備工夫，其中一項就是和家人好好交代清楚。

現時，遺體捐贈登記在香港並沒有法律效力。香港法例指出：「死者直系親屬擁有遺體處理權，可代先人作捐贈遺體的最終決定。」所以，若你想成為遺體捐贈者，也需要顧及身邊人的想法，而不是單單你的個人意願。

如何交代

要向家人交代自己想成為無言老師的意願，可從「認識」、「表達」、「了解」、「改變」、「行動」五項要點切入。

一、認識

尋找資料

若你正在考慮日後成為無言老師的話，不妨從不同渠道尋找資料，例如各大報章、電台、網絡等，先了解整個計劃的概念和步驟等事宜。

棺木有不同款式及價錢，但它們的結局同樣離不開在土地內腐化分解或火化成灰。

如何看生死及遺體捐贈

在成為無言老師前，你自己是如何看生死的呢？遺體捐贈對於你來說，有什麼意義？你有什麼看法？是什麼原因，或什麼經歷，令你想登記成為無言老師？你對這項計劃，認識有多少？

我和不少遺體捐贈者及他們的家屬溝通過，他們登記的原因都不一樣，其中一個令我印象最深刻的，是一位老伯伯寄來的信，他說：「我想索取一份遺體捐贈小冊子，因為我覺得香港社會對待我們這一群老人家很好。」我心裏暗暗地佩服他，被他登記的原因而感動。

你呢？是什麼原因想登記成為無言老師？

「認識」這項要點尤其重要，因若當你和家人溝通時，他們會了解到你做這個選擇背後的原因和信念。

二、表達

需要花上一段時間才能接受的家人

你可以把握日常生活中的機會，向家人展示遺體捐贈的詳細資料，透過報章、雜誌、電台等媒體有關無言老師遺體捐贈的報道，讓他們清楚了解整個計劃。

若家人對生死話題比較不忌諱，你可以先好好了解、搜尋及處理自己身後事的安排，「遺體捐贈」可以是其中一個選擇。當家人提出疑問，便可討論有關的資料。

三、了解

當你向家人表達你的意願時，通常會有以下幾類型的反應：

逃避型——

甲：「大吉利是！你永遠都會身體健康，我哋唔講呢啲嘢！」

乙：「你仲後生，咁快諗定呢啲嘢做乜啊！遲啲先算啦！唔好再講呢啲嘢啦！」

反對型——

甲：「你好地地做咩畀啲三唔識七嘅人進行解剖？我唔准你咁樣做！」

情感型——

甲：「嘩！被人剖開咁多刀！會唔會好痛㗎？我唔捨得你畀人剖開咁多刀啊！」

同意型——

甲：「啊！依家有啲咁嘅捐贈㗎咩！係咩嚟㗎？」

乙：「聽落又幾好啵！好有意義！有咩程度㗎？我哋要有咩準備？到時要有咩程序要做？會唔會火化

畀返你嘅骨灰畀我哋㗎？要做幾耐㗎？」

當你表達過意願後，你會知道家人對於遺體捐贈的支持度。據我經驗，大多數的家人也不是一下子就能接受遺體捐贈，他們往往會採取避之則吉的態度。此時，你可以細心聆聽家人的想法、問題及反應，以及了解家庭成員中各人的想法及態度。

家人反對遺體捐贈，背後的原因可能並不相同。有些家人是基於對你的愛，不忍心你的遺體被解剖；有些家人是基於傳統觀念；有些家人則是因爲不明白整個計劃的概念，所以反對。你需要先了解家人反對態度背後的原因，才能夠在日後再次把握時機，對症下藥。你可以把你想成為無言老師的原因表達給他們聽，再補充說明整個計劃的概念及步驟，讓他們有一個全面的印象。你可和家人繼續保持溝通，坦白分享，讓大家也明白彼此之間的想法。日後，家人的經歷有所不同了，看待事物的態度也會有所不同。

不論是支持，反對或是保持中立，遺體捐贈從來都不是一個對與錯的過程，因為你的想法、家人的想法，都是各自從自身經歷裏梳理而得出的「真貌」。只要你們願意表達、了解及溝通時，就能提供一個平台，讓大家尊重對方之餘，也能以家人的角度，去了解對方所看到的「真貌」，從而作出配合，去達成一個大家心目中理想的決定。

四、改變

當你們溝通過後，若家人贊同你的決定，你便可以和家人有更充分的討論。

不同的團體會申請到中大了解「無言老師」遺體捐贈計劃和參觀解剖室及其他醫學院設施。

身後事的安排

你想如何安排自己身後事？醫院院出？殯儀館做儀式？環保殯儀？骨灰的安排？上位？撒灰？這些身後事的實務安排也可以一一和家人商討。表達，讓家人清楚知道由你自己策劃的最後一場人生畢業禮，需要有什麼元素。

記得有一次，當我向家屬查詢先人的骨灰安排時，家屬毫不猶豫的表示：「海上撒灰！」那時候我心裏被她的爽快決定而感到驚訝。她後來說：「因為佢話佢自己最鍾意涼浸浸，所以叫我哋幫佢安排海上撒灰。」

做無言老師的安排

當你決定了身後事的實務安排後，便可和家人商討有關自己日後身為無言老師的其他安排。例如：你想日後貢獻於哪個教學用途上？時間的長短會是你們首要的考慮因素嗎？

五、行動

你可以在網頁上或表格上登記成為無言老師。在登記後的三個月內，大學會寄出「遺體捐贈卡」」和「感謝狀」，以作確認。

中大歡迎市民以電話或預約見面查詢。

一家人的事

遺體捐贈從來都不是一個人的事，而是一家人的事。不論家人是支持或反對，背後的原因，也是基於愛。這可以是和一家人共同討論的議題。準備好你自己的心，把握生活上的不同機會，去表達自己有意成為無言老師。家人間互相尊重、有充分的溝通和理解，才不會辜負你想成為無言老師的意願。

香港中文大學
The Chinese University of Hong Kong
Faculty of Medicine
無言老師

感謝狀

茲感謝

之

無私奉獻　捐贈大體
願意成為醫科生之無言老師

謹致此狀 以表謝忱

二零一三年十二月三十一日頒發

陳家亮教授
醫學院院長

在網頁上或表格上登記後的三個月內，中大會給登記者寄出「感謝狀」和「遺體捐贈卡」。

華永會將軍澳墳場的紀念花園所用的石碑，尺寸約10×20公分。

當至親離世後那天

朱雅穎
香港中文大學醫學院無言老師遺體捐贈計劃助理

在負責遺體捐贈計劃的過程，常與喪親家屬接觸。最初，我本是帶着一顆「幫助」他們的心去和他們接觸。及後才發現，在「死亡」面前，我根本不能作出甚麼幫助，因為「死亡」是一個百分百會發生的事情。在這個工作角色中，我是如何定義為「幫助」到這一群遺體捐贈者的喪親家屬們？也許，不是「幫助」，而是「改變」。我不能「改變」死亡，但我卻可以「改變」喪親家屬們的喪親歷程。每當我和他們溝通，只要我帶着一顆了解、體諒和支持的心，那麼便可以使他們在這段喪親歷程中，可以走得順暢一點。長大後，我們總是繞着這個世界團團轉，把焦點放在學業上、工作上；在身邊的朋友、情人、伴侶等人身上，希望從他們那裏尋求快樂、肯定和安全感。卻忘了讓我們感受被愛的地方一直存在，這個地方叫作「家」。這是一個以「家」為首的遺體捐贈的故事，由陳小姐口述，本人筆錄。陳小姐是一位無言老師的女兒。記得當日，全體家屬親友一同向爸爸說再見：「Goodbye, Mr.Chan……」對於爸爸的愛，她謹記在心。

那一天終於來臨

這是你在醫院的最後一個早上。

你嚥下了在這世上的最後一口氣，沒有再清醒過來了。我沒想到你會走得那麼快。在我的一生中，我與爸爸也不是太親近，但我其實心裏有很多説話要跟

中大醫學院會為部分低收入家庭提供免費的遺體運送及火化服務，而且棺木會用上專為無言老師設計的環保紙棺木。

他說。複雜的心情及回憶突然湧上心頭，腦袋一片空白，只知道淚水已經在我眼眶裏打轉，然後流個不停。還記得那天的早上，理性的我知道，其他親友有對我說過一些關心的說話，但是我一句都聽不進去。我開始感到心痛，好痛，真的好痛……原來當一個人傷心的時候，那個人的心，真的會很「傷」。我心底裏知道，你很愛這個家，你很愛我們，只是，你不懂得向我們表達。

「人死了，沒有用，捐出去，去幫人！」爸爸話語不多，卻很愛去幫人。他生前所說的話在我腦海中浮現出來。他在生的時候，我替他登記了成為無言老師。此時，我向媽媽及妹妹表明爸爸生前的意願。媽媽卻表現得很疑惑。「什麼？要去遺體捐贈？你為何這麼不孝？你為何要阻止爸爸入土為安？」那一刻，我感到傷心又覺得不被接納。是我錯了嗎？我還記得替爸爸登記的時候，他那堅定的眼神，我只想好好完成他的遺願，有錯嗎？

冷靜下來後，我在網上尋找資料，希望他們會明白爸爸的遺願。我向媽媽及妹妹慢慢解釋這個計劃的程序及概念，希望他們會明白。他們和親友了解清楚後，也表達了一些問題。我表示可致電去中文大學那邊問個明白。

我在遺體捐贈卡中找到了中文大學遺體捐贈的電話後，立即聯絡了大學職員。大學職員向我詢問了爸爸臨終前的情況，以初步了解他是否適合成為無言老師。憶起我替爸爸登記的時候，小冊子上說明當醫院介定先人的死亡原因，屬第二類（黃牌）或第三類（紅牌）標籤及一些指定高危傳染病，以及中大解剖實驗室沒有存放遺體和棺木空間時，才不能作遺體捐贈。爸爸沒有傳染病，也屬一般

遺體捐贈者家屬可在解剖屋門外的「無言老師紀念碑」前獻花悼念先人。

身型，且中大還是有位置去接收遺體。「應該沒有什麼大問題，不過還是要等待醫院發出『死因醫學證明書』（表格18），你收到後傳真給我們。在我們的職員收到後，會在當天致電給你，才可確認遺體可作捐贈用途。」大學職員說。

及後，我再向大學職員查詢，中大職員也很耐心地一一解答。掛線後，我向他們解釋。最後，媽媽、妹妹及親友們終於肯答應把爸爸的遺體捐贈給中大了！我心裏才鬆了一口氣。

一切都變得不一樣了

在爸爸去世後的第三天，我在醫院裏領取了表格後，我便拜託了醫院職員替我把文件傳真到大學。隨後，我再去到入境事務處的死亡登記處，替爸爸辦理死亡註冊，並向他們表明爸爸的遺體是捐贈予香港中文大學。在等待期間，我的腦袋還是一片空白，我看着寫上了爸爸死因的文件，一切都變得不一樣了。

及後，我拿取了「死亡登記證明書」【表格12】、「火葬許可證」【表格3】和「死亡證」，並等待中大職員的電話回覆。

創造一個屬於他的人生畢業禮

收到中大職員的電話後，他表示可接收爸爸的遺體，我總算放下了心頭大石。及後，我再和家人及親友為殯儀服務作商量。幸好，爸爸生前和我們溝通好

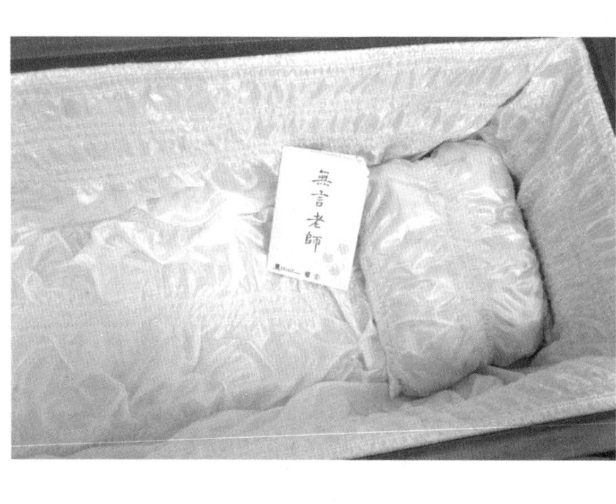

心意卡會跟隨無人認領遺體火化。

身後事的安排，一切以簡單為主。我聯絡了殯儀承辦商，為爸爸安排後事。定好了出殯的日子後，我再通知中大職員有關爸爸的遺體送到大學的日期及時間。

陪伴是最溫柔的愛

到了出殯的日子，辦理一切儀式後，我再多看一次爸爸慈祥的容貌，這次真的要說再見了！因為遺體經過解剖後，到日後火化前，我們都不能再瞻仰遺容。

我們家屬親友跟隨靈車到達了香港中文大學。中大職員和我們家屬做了一些簽收文件。按照我爸爸生前的意願，我們全選了三個「無言老師」的教學用途。爸爸生前曾受了醫生的恩惠，所以很想貢獻自己的身軀，用來培訓一班醫學生及準醫生。最後，我們看着爸爸的遺體被送入中大醫學大樓的房間後，所有人都哭了，但也很佩服爸爸的大愛精神。我心想：「這麼多人陪伴着你，爸爸，我們都很愛你。」離開前，我們都對爸爸說了聲：「Goodbye, Mr. Chan！」

獨一無二的哀傷

這天，是爸爸成為了無言老師的一周年。我們一家人帶了鮮花，到中大去紀念一下爸爸。在中大解剖實驗室門外，一塊塊刻了無言老師名字的金屬名牌，被裝在紀念牌匾上。

在這幾年，我對爸爸的回憶，總是會忽然侵襲我的腦袋。我忽然覺得，人與

無言老師功成身退後，家屬寫給中大醫學院的感謝卡。

人之間的關係，真的很奇妙。爸爸和媽媽，爸爸和妹妹，爸爸和我，每段關係、每段回憶都是這麼的獨一無二，哀傷亦然。爸爸，你就是這樣的離開了我們，但你和我們相處的時光，卻成為了永遠。

爸爸，你做到了

有一天，我收到了中大職員的電話表示，爸爸已經完成教學了，可以安排火化。中大職員表示，我們可以選擇委託最初的殯儀承辦商安排火化或是授權中大職員辦理火化事宜。我和家人商量後，決定授權中大職員安排火化事宜。「我們可以出席爸爸的火化日子嗎？」媽媽問。「是可以的。在當天，我們買一束鮮花給爸爸吧。」我說。

原來爸爸是給醫科生作教學用途，還收到了醫學生寫給我們家人的感謝卡。我在想：「爸爸，你做到了。你的貢獻，終於看到了成果。」

愛的銘記

火化後，我詢問了中大職員有關申請於將軍澳華人永遠墳場撒灰紀念花園設有的「無言老師」專區撒放骨灰的事宜。我們可以決定得這麼快，原因是爸爸生前也很愛種花，把骨灰灑在泥土裏，再澆水，想必爸爸一定高興得很！

爸爸，你這份精神，我會好好學以致用的。生命的故事，仍繼續進行，對嗎？

中大無言老師遺體捐贈計劃

電話：3943 6050　　傳真：3942 0956　　電郵：s-teacher@cuhk.edu.hk

「無言老師紀念牌匾」

本校會為已登記但無法捐贈遺體的先人立下名字於醫學院的牌匾上，以示感謝。

後事安排

部分有財政需要的家庭可聯絡本校職員及授權本校合約之殯儀承辦商預約靈車把先人遺體從醫院殮房送往醫學院，並由本校支付所需費用。（當本計劃的殯儀資助儲備金不足時，可能需停止該資助申請）

不接受遺體捐贈準則

在以下情況不能捐贈遺體

因過身後可能在以下情況而不能捐贈遺體：

（一）當醫學院殮房及其他存放遺體的設備飽和時，除了停止接收遺體外，醫學院也不設留位服務。

（二）當本計劃的殯儀資助儲備金不足時，可能需停止接收要求本校負責接送和火化的遺體捐贈申請。

（三）直系親屬當中有反對者或沒有受託人及社福機構安排遺體捐贈程序者。

（四）因罹患部分傳染病、過度肥胖者、過度消瘦，因病而身體出現水腫或變黃。部分常見病例：肺結核（肺癆）、肝炎、沙士、禽流感、日本腦炎、登革熱、愛滋病、性病……等。

（五）自殺、燒傷、溺斃、遺體有未癒合的大傷口、皮膚潰爛、腐壞發臭或境外死亡。

（六）因意外而身體有嚴重破損、經過法醫執行病理解剖的遺體或少數已捐贈器官的遺體。

讓悼念更人性化

伍桂麟
英國註冊遺體防腐師
香港中文大學醫學院解剖實驗室經理
「香港生死學協會」創會會長

由登記人（或其家屬）填報參加無言老師捐贈計劃開始，家屬確實經歷很多鮮為人知的心路歷程和心理掙扎。整個遺體捐贈過程，由至親離去，讓醫科生進行遺體學習，直至通知家人參與先人的撒灰儀式，才得到圓滿的終結。期間醞釀過多少堅持、等待和悲痛，這只有家屬本身才能領會。我們深切體諒家屬在履行先人遺願期間的複雜心情，所以在捐贈的流程中都希望以家屬的角度出發，盡量避免再增添他們的煩惱與哀傷，所以，即使簡單一個撒灰器，我們都希望令家屬有一種安慰和療癒感。

在先人離世後，家人可自行決定安排殯儀程序或委託中大安排先人接送，在出殯當日送達李卓敏基本醫學大樓。大樓外的無言老師送別閣有一個小花園，供家人進行簡單送別儀式；樓內設有無言老師紀念牆，家屬日後可在辦公時間內在先人的紀念名牌前悼念及獻花等。直至先人火化前，家屬仍可決定自行尋找殯儀承辦商或委託中大安排。若委託中大安排火化，家人可以跟靈車到火化場進行火化禮，並作最後安排。大學每年會有兩次在將軍澳華人永遠墳場舉行的撒灰儀式，會邀請家人參與，並可從不同的撒灰方式中作選擇。人性化的處理，是我們的基礎，我們相信每個細節對於家屬都重要，希望由始至終給家屬有好的選擇，這也合乎無言老師的尊重和榮譽。

新型撒灰器變得更「貼心」

火化後其中一個具象徵意義的儀式，就是撒灰。以往使用的撒灰器是一個小型銀色鋁製盛器，貌似載水的壺，一拉動手挽，就可把骨灰灑落在花園之中。由

無言老師撒灰儀式中的靜默悼念儀式。

於這個盛器感覺有點冰冷，相對亦較重，而且把先人骨灰盛載與撒灰的輪轉過程中，容易把其他人的骨灰也混雜其中。於是，我們請來了社會設計創意室「啟民創社」設計新的撒灰器，由他們團隊帶領一眾設計師、學生、無言老師的家人或登記人等，一同提供意見和進行測試，最後設計了數個全新的撒灰器。

其中一個紙撒灰器「信別」在二〇一七年十一月的儀式中首次使用。該撒灰器以紙製成，可摺成一個像漏斗的盛器，家屬可以在撒灰器上寫上留言，當盛載好骨灰後，雙手捧着撒灰器，透過下端的小洞把先人骨灰撒在花園，再把撒灰器放在化寶盆內一同化掉。這個設計避免混合他人的骨灰之餘，以雙手撒灰亦較有尊敬之意，骨灰散落的分量也較平均。撒灰器只會使用一次，採用了環保物料製造，除了白色，將來也可能因應家屬需要而用上其他顏色，相比舊款的鋁製盛器重量較輕，感覺也更溫暖及柔和，相信家屬亦樂於採用。

此外，一款長圓筒型的木柄撒灰器於明年年底供試用，當然，家屬如屬意舊式的撒灰器，仍可以自由選擇。我們希望從這些細節中，讓家人感覺到無言老師計劃在捐贈遺體當中，有各種人性化細節的悉心設想及安排。

包容不同宗教儀式

中大醫學院每年會安排兩次的撒灰日，通常在六月及十二月左右舉行。當日會分上、下午兩個時段供家屬選擇，安排旅遊巴士在油塘港鐵站附近接載家屬前往將軍澳華人永遠墳場（家屬可選擇由石碑廠工人攜同骨灰與石碑前往墳場，毋

中大醫學生為無家屬的無言老師撒灰，送別至最後一程。

須自攜骨灰）。在撒灰儀式開始的時候，中大生物醫學學院陳新安教授和兩位醫科生會先致感謝辭，然後進行默哀儀式，接着讓家屬進行撒灰或宗教儀式，最後石廠工人便會把先人的名牌裝置在無言老師的石牆上（名牌上一般有三行字，包括先人姓名、籍貫、生卒年等）。

一般來說，家人都會屬意大學協助舉行悼念儀式，這會讓他們覺得整件事情有始有終，圓滿結束，大學對此亦樂於幫助。為了考慮到部分家庭可能有不同的宗教信仰，故在撒灰後會預留約半小時，如果家屬請來道士、法師或牧師前來，在這個時候他們便可以進行個別的悼念儀式；而礙於中西文化各異的關係，我們亦會事先向家屬查詢他們悼念儀式的宗教取向，以盡量安排中或西式的宗教儀式在同時段進行，避免氣氛突兀尷尬。

即使旁人看來是微不足道的細節，但無言老師計劃的團隊亦會謹慎而樂意地全力協助家屬，儀式同樣是一輪一輪的步驟，但他們領的不是祭品，而是盛載着先人骨灰的撒灰器。走到青草地旁的小石堆，拉起金屬撒灰器的把手，或是雙手拿起寫滿道謝道愛的「信別」，把骨灰輕輕灑到石頭上，看着細粉落入大地，並立碑表揚捐軀的貢獻。這不只完善整個悼念喪親的儀式安排，令家人得以釋懷，更重要是表達中大醫學院對無言老師的尊重，讓捐出遺體教學的先人用最簡單美麗的方式回歸大地，寫下每位「無言老師」的圓滿句號。

家屬在紙撒灰器上留言給先人。

家屬運用紙撒灰器「信別」撒灰。

撒灰後，家屬可把撒灰器放到化寶爐燃燒。

黃俊希同學撒灰儀式講辭

大家好，我是Gabriel。我和一眾同學剛完成了三年級醫科課程，準備踏入新一階段，正式進入醫院接觸病人。很慶幸今天能夠跟你們一起，記念過往曾經陪伴我們走過數年醫科生涯的無言老師。

還記得入學當日，院長叮囑我們要飲水思源，不要忘記身邊人給予我們的栽培和教導；又跟我們說：「從你披起白袍的今天起，就不要再當自己只是學生，而要當自己做未來的醫生。」我相信如果你問十個醫科生為什麼選一科這麼吃力不討好的來念，十個都會答你是因為想幫人。我並不例外，我知道杏林路並不易行，當初立志讀醫就是希望未來運用我的知識和能力去為病人分擔痛苦。

二十個月前的第一堂解剖課，教授帶領同學靜默了一分鐘，向無言老師的無私奉獻表達敬意。接着教授把解剖程序講解完畢之後，我們第一次親眼看到無言老師。那幾分鐘，我們一枱的九個同學都站在枱邊不敢動手；我們知道在我們面前的是有血有肉的、曾經生存在這世上的一個人。教授鼓勵之下，我們開始小心翼翼的下刀，因為我們不希望無言老師需要承受我們不必要的任何一刀。那一刻，我們明白到日後身為醫者的責任之重。這麼多人為培育我們而付出過，我們不可以辜負他們的期望，一定要抱持赤子之心回饋社會。

我並不認識眼前的這位無言老師，在他生前沒曾跟他交談過。但我從解剖的過程中了解到他曾經經歷癌症擴散的痛楚。我開始想，究竟他的人生故事是怎樣的呢？他跟癌症搏鬥的日子是怎樣過？一個這麼大方、為了教育我們新一代醫科生而願意捐出自己身軀的好心人，不知他的生命又是怎樣的？

在無言老師身上解剖的經驗，固然大大有助我們對人體結構的認知；但我們從無言老師身上學到的，卻遠比人體結構要來得多。相信日後行醫也是一樣，我們不單要學會面對生老病死，更加要學懂在病徵和病理背後看到病人的痛苦和感受。

最後，僅代表我的所有同學感謝每一位無言老師和親屬。多謝無言老師陪伴我們走過醫科生涯的開始，在我們沉默的相處之中教了我們寶貴的一課。對於你們的不言之教，我們心存感激。我可以大膽說，家人、朋友們不用擔心，無言老師在中大醫學院的日子過得非常有意義。多謝你們。

何詠欣和韓子慕同學撒灰儀式講辭

大家好！我們是香港中文大學二年級的醫科生，今天很榮幸可以在無言老師的撒灰儀式上向大家分享幾句說話。

「做一個好醫生，盡力幫助到病人」是我們每一位醫科生的目標和使命，而要由一個乳臭未乾的學生脫胎換骨成為一名專業的醫生，除了書本上死記硬背的知識和教授們的栽培，亦全靠無言老師對我們的愛及付出。本來可以選擇屍身完好無缺地火化殮葬，但你們卻選擇了捐出親人的遺體，以身軀成就大愛，寧願我們在他們身上劃錯一刀，也好比在未來的病人身上開錯刀。

在解剖課上，我們有機會從無言老師身上學習，學到的不單單只是人體結構和病理，還有各位老師勇敢對抗疾病的勇氣和偉大無私的精神，而這些東西是沒有辦法被書本上的圖案或文字取代，老師身上為生命奮鬥的痕迹亦觸動着我們的心，這些親身感受都能幫助我們在將來以同理心對待病人。

記得第一次上解剖課時，教授先帶領着全體同學為一眾無言老師默哀一分鐘，在我們面前是逝去的、無法挽回的生命，但他們離世後貢獻了自己唯一擁有的身軀，希望能為醫學教育和發展盡最後一分力。儘管眼前是一具冷冰冰的身體，但我們依然能夠從老師身上感受到溫暖的愛和對我們的期望。

第一次看見無言老師的身體時，我們的心情是既緊張又感激。這也許是我們一眾二年級生第一次面對逝去的生命，看見因病魔折磨而變得瘦削的身體，還有種種急救過的痕迹，不禁令我們細想面前的老師生前是個怎樣的人？曾經過着怎樣的生活？他在生命走到盡頭時又經歷了甚麼呢？作為低年級的醫科生，我們是否真的夠成熟去面對和解剖面前的生命呢？我們唯有堅信只有努力在老師身上學習，才是對老師和家屬們最好的報答。然而，即使每一次同學們都先認真地溫過書才上課，我們仍然會擔心自己解剖得差，生怕笨拙的技巧和微微顫抖的手會破壞及浪費了老師的心意。經過一年的解剖課，我們掌握了更多醫學知識，解剖技術也變得更熟練。在最後一課時，我們在感謝卡上寫上了我們對老師們及其家屬的心意，可是這樣都不足以表達我們的感恩之心。

雖然在其他課堂上，我們都是在學習各種各樣的醫學知識，為將來做一個好醫生作好準備，但這一年的解剖課令我們真真正正地感受到醫生是一個面對生命的職業，而不單單是只有醫術的技師。衷心感謝所有無言老師，以及願意捐出摯愛的遺體的你們。你們的無私和偉大讓我們學會尊重生命和珍惜學習的機會，亦立志將來要成為一個能回饋社會的好醫生。

再次感謝各位的幫助，希望你們家庭幸福美滿，多謝各位！

捐贈者與親屬的生死大問

陳智豪博士
香港中文大學社會工作學系副教授
聽明會董事會主席

隨着社會對死亡觀念漸見開放，希望離世後保留完整遺體的概念亦開始改變，加上相關機構和政府的宣傳，無論器官抑或遺體捐贈，近年已逐漸被市民認知及接納。然而，即使市民熱心捐獻，願意申請捐贈，這是否代表了自己已經「完成使命」？以無言老師計劃來說，這仍然不足夠，因為無論器官或遺體捐贈，都不只是個人決定。

過往有不少情況，就是先人已經填報願意捐贈遺體，但被直系親屬推翻，原因就是捐贈者只約略甚至從來沒有與家人溝通其捐贈的意願，結果令捐贈程序觸礁。有鑑於此，我和中大醫學院合作，針對無言老師計劃做了兩方面的調查，包括網上問卷，以認知登記者的申請原因、生死觀和與家屬溝通的情況；其次就是質性訪談，以深入的面談，訪問捐贈者及其家屬等。完成問卷的登記者人數有1,070位，而接受訪談的有其中21位（11位是登記者，10位是親人遺體已捐贈中大醫學院的喪親家屬）。從各項的研究結果，不但可初步了解普遍登記者的捐贈動機，更重要是反映出登記者及其家屬對捐贈的看法有着明顯的差異。

已經溝通不代表真正溝通

綜合網上調查和深入訪談的結果，一般答允死後將其遺體捐贈予無言老師計劃的登記者，其原因都是希望能夠善用自己的身體。他們覺得，遺體為無用之物，如今可以給予醫科生作實習用途，亦可讓醫科生提供了解真實人體結構的機會，由無用變得有用，這會是一件很有意義的事情。這種利他主義對一般市民來說別具意義，因為受訪者多認為自己一生只是營營役役，但參加了無言老師計劃後，可說是對社會有所貢獻，繼而會感到安慰。

另外，他們對死亡亦持有較開放的態度，佔八成被訪的登記者認為，身體只是軀殼，並不重要，既然火化後只會成為灰燼，故不會執着保留全屍的觀念。再者，參加計劃後可簡化後人處理殯儀、尋找骨灰龕位等過程造成的麻煩，而且從控制身後事的安排這一點，亦反映出希望自己能夠擁有自主能力，從而為自己的死亡作較好的準備。

其實，較值得關注的是捐贈者和家人在遺體捐贈事情上的溝通情況。調查中的登記者可分成兩類：有與家人溝通和沒有與家人溝通，前者佔82%，後者則佔16%，從中發現了多個「有趣」的現象。

你有多大程度認同遺體只是一具軀殼？

（回應人數：1059人）

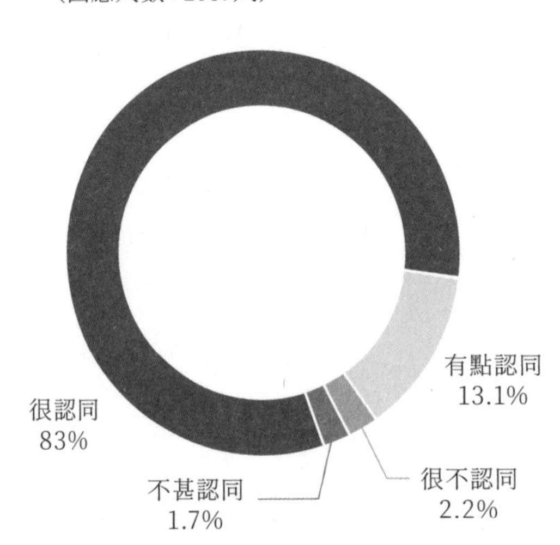

你在登記遺體捐贈之前或之後有否和家人溝通？

（回應人數：1045人）

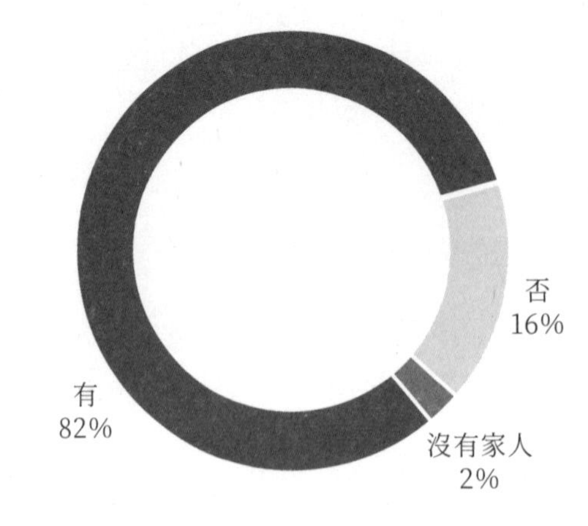

曾經與家人在捐贈遺體事情上溝通過的多為年長人士，而且與家人的關係較為親密。他們對人生一般持有較正面、樂觀的心態，而且心理和整體生活質素亦較好，在面對死亡和死亡過程中可能承受的痛苦憂慮較輕；至於沒有與家人講及捐贈遺體意向的登記者，他們提出的理由是捐贈與否只是個人決定，而且認為家人的任何意見都不會左右自己的決定，相信家人一定會支持自己的決定。有些則是避免爭拗，所以索性不與家人提及遺體捐贈事宜。

當然，這種所謂「有與家人溝通」的內容亦存在不穩定的因素，例如登記者只會在申請遺體捐贈前或後與家人溝通，而這種溝通可能只是「知會性溝通」，或只是「選擇性溝通」，即只是提及捐贈的部分內容。就算事前和事後都已經與家人溝通過，但「家人」可能只是登記者的伴侶，尤其對於跟長輩談及這種事情的時候，考慮到他們的接受程度，可能會較難開口，引致後來可能出現被家人推翻先人捐贈遺願的事情。

登記者與家屬存在分歧

此外，在調查中亦發現，有部分登記者的家人與登記者的看法存在着一定的落差，這不但對捐贈遺體過程產生了變數，對執行遺體捐贈的家人來說也帶來了一定的心理壓力。

正當大部分登記者認為遺體只是一副沒有用的軀殼，受訪的家人卻持有不同的看法，他們往往認為遺體是一種象徵，這個象徵代表了與死去親人的連繫。

當家人知道親人死後會被刀割、解剖，他們始終會不忍心去面對這種事情。即使家人遵循離世親人死後的遺願，讓身體作解剖用途，也明白到捐贈遺體對社會有裨益、有意義，甚至已經徹底執行親人的意願，但情感上依然會對親人的遺體感到不捨。

再者，由於部分死者生前未能有效地與家人講解捐贈遺體的意願，令執行親屬承受較大壓力。當其他親人基於迷信（如認為捐贈遺體對後人運程有影響）等原因不同意死者遺願，甚至與執行親屬鬧意見，執行親屬往往會感覺到備受壓力，在喪親之事上增添不安與無力感。

精神連繫更勝形體連繫

事實上，部分死者家屬除了要面對喪親之痛和來自其他親人的壓力，參與無言老師計劃亦可能會延長他們的哀傷時間。一般死者的殯儀程序較短，但當親人成為無言老師後，其遺體需要讓醫科生等進行解剖學習，因此由送往醫學院到完成解剖學習後火化，可能需時一至三年。在此期間，部分家屬可能會感到牽掛，認為遺體未火化前，好像仍有未了的心事。而其他親人或基於關心和慰問，可能不時查詢遺體處理事宜，當中亦會增加他們的心理負擔。

然而，亦有部分家屬對死亡的觀念十分開明，他們覺得遺體並不是思念親人最重要的元素。從古至今，親人為了維持對先人的持續連繫，會透過拜祭祖先、保留遺物等形式表達對先人的一份思念，但有關哀傷研究的文獻顯示，精神連繫比形體連繫更為重要。有個案指死者親屬因過分思念，全屋的擺設包括一本書、一隻杯等位置堅持要與死者生前無異，但這種長期的執着心態並不健康。反之，親屬與死者的持續連繫，可以是建基於精神聯繫，例如記掛與他／她的快樂回憶和片段，回想他／她是如何愛錫自己，記得他／她的說話等。研究顯示，這種精神上的懷念方式才能建立長久而健康的連繫。

但必須承認，基於研究方法的局限性，調查結果並不能全面解讀登記者與其家屬在面對遺體捐贈前後所面對的問題和困難。但從受訪者的答案可以理解得到，幫助雙方進行更有效的溝通，以及在遺體捐贈期間提供更人性化的協助是無言老師計劃值得繼續探討的方向。

或許我們可以考慮在登記者申請成為無言老師後，增加醫科生和社工學生的家訪次數，了解一下他／她與家人的溝通情況，及是否需要協助他／她進一步解釋計劃內容？另外，在進行遺體捐贈後，雖然現時醫學院已有很好的跟進工作，例如設立捐贈牌匾、安排整個火化及撒灰儀式、讓家屬跟車前往撒灰公園、按宗教需要進行個別的悼念儀式等，但我們是否可考慮提供定時與家屬聯絡的服務，告知遺體教學的最新情況，以減少他們的掛慮？

總的來說，研究結果肯定了無言老師計劃的意義。但在整個過程中，我們可更留意登記者與家屬的溝通，並關注喪親家屬在親人捐贈遺體後的哀傷歷程。（詳細研究簡報可在無言老師網站查閱及下載。）

正因如此，我們不但需要給予他們哀傷的空間和途徑，亦應藉着有效的溝通和人性化的幫助，讓無言老師計劃可以裨益社會的同時，亦能顧及死者家屬的感受。

華人永遠墳場管理委員會捐款支援是次研究項目。

「無言老師」遺體捐贈計劃參與者與喪親家屬分享。

「無言老師」遺體捐贈計劃參與者與喪親家屬之生死觀及心理研究新聞發佈會。

【訪問】

平衡各方意願，以信德面對生死

陳日君樞機
天主教香港教區榮休主教

「人死後的靈魂會脫離身體，回到親人和天主的身邊，並會前往另一個光明身體，至於那個軀殼已經不再重要了。」陳日君榮休樞機簡單地道出了靈魂與肉體的關係。

人死後會安葬在墳墓、骨灰龕等地方，好讓後人日後可以前來指定的地方祈禱、供奉，這都是很普遍的現象，陳日君主教也十分明白和了解這是傳統的觀念，覺得這是可以繼續親近已故親人的方法，在其他國家，地方較大，聖堂附近一般都會有墓園，而香港土地緊張，則多以火化的形式處理先人遺體，再存放於骨灰龕等。天主教對於以火化來處理死者的遺體是絕對接受和尊重，陳樞機說：「以希臘哲學來說，靈魂比身體重要，靈魂在肉身猶如坐牢，是另類的墳墓。天主教亦主張死後的靈魂會離開肉身，這個軀體沒有了精神，並會逐漸腐化，而家屬面對親人離去會有不捨之情，於是希望日後有一個地方可以拜祭和祈禱，藉此接觸離去的親人，這個我十分尊重和理解。但人死後如何安葬、葬在哪裏其實也沒有太大關係，因為他們都會與主同在，並會去到另一個光明身體，得到永生。」

陳樞機強調，最重要是要在死者的遺願與家人的意願之間取得平衡，他解說：「現在很多香港人已經很有知識，思想很開明，明白到參加（遺體）捐贈是為了幫助醫學院的學生和其他醫生，這是一件好事，但仍有部分家人會放不下，覺得要全屍埋葬等，其實只要是做好事，（將來的）肉體也會變得好，我至今還未聽過有親人會推翻死者的意願事情，但無論如何，我們要顧及家人的意願，但亦要尊重死者的遺願，兩者取得平衡是很重要的。」

「我覺得人死後，應該尊重亡者的意願，家人方面亦要『看開點』。關於生和死，其實不是一兩句說話便可以解釋得到，如有疑問，可隨時向教會查詢。」

陳樞機知道早前藝人鄺佐輝先生與一些老神父離世後也做了無言老師。他表示，期望教徒和其他人也能夠繼續做好事，繼續貢獻社會，並鼓勵信徒以信德面對生死。他指生命固然重要，但對天主的信賴才是最重要，若「為生存及利益不擇手段，只會製造死亡的文化」。談到活好生命，他以慈幼會會祖聖鮑思高神父為例，指他視每天如人生最後一天，憑着這信德活得更安穩。他指面對終結前，不需要「應付」天主，而是「每天跟祂同行，每天也會在天堂」。

榮休主教陳日君樞機鼓勵信徒以信德面對生死。

第五屆天主教生命倫理研討會「因愛而去 為愛而生 生命的延展」從生命的完結找生命的源頭。

施比受更為有福

黃民牧師
生死教育教育推廣者
基督教靈實協會福音事工部長者院舍組前主任院牧

為什麼同是中國人，但台灣的同胞卻這麼豁達，願意死後與人分享其身體？這問題，叫我思想了良久？我想，最主要的原因就是他們的生死觀及信念，大大受到生死教育的影響。過去十多年來，台灣在中小學、大學及民間，都有生死教育的課程及學習，電視節目、書籍、雜誌等，不避諱地談論死亡及身後等問題，直接地及間接地影響民眾的信念。再加上宗教團體，尤其是佛教及基督教等組織，努力宣揚對死亡正確的觀念，政府又大力推動，在政策上協助，以致造成今天台灣同胞的成就！

香港在紓緩治療醫學上，比台灣先開始八年，但為什麼今天我們對有關「死亡」的事情仍然原地踏步？今天我們看見香港人仍然執迷於：風光大葬、豪華骨灰位、風水堪輿命數等問題。我們有沒有想到，原來我們死了之後，仍有用處？仍然可幫助人？為別人做點事？無論土葬或火葬，身體也是歸入泥土，為何不造福別人？

首先作利益申報，本人多年前已經簽署了器官捐贈及遺體捐贈。本人自二〇〇八年，開始教授生死教育課程。二〇一一年，我帶領生死教育的學員參觀台灣花蓮慈濟大學醫學院，認識這間佛教醫學院的遺體捐贈計劃，其後也陸續再參觀多兩次，心裏佩服之餘，也反問我們身為基督徒，是否可以像佛教徒一樣，也可以作遺體捐贈呢？

聖經中沒有提及身體捐贈這問題，沒有提議，亦不反對。雖然基督教內如希臘東正教贊成信徒要土葬，可能對身體捐贈會有所影響。不過，我絕對相信基督

黃民牧師帶領生死教育團參觀解剖室後攝。

黃民牧師（左）早年已登記成為無言老師。

教並不反對人死後，捐贈身體作醫學研究或讓醫科生作醫學練習之用。聖經看人有身體及靈魂兩部分，我們相信人死了之後，靈魂已經離開了身體，去到天堂與上帝同在了，因此留下的身體只是軀殼，不再拘泥及受地上事物的限制，因此，死後把我們的身體捐出去，與我們的信仰並沒有任何的抵觸。

再者，基督教的精神是以愛為基礎，而愛就是與人分享，生命與身體既然都是由上帝所創造，人死後，將器官及身體捐贈出去，對自己沒有損失，反之能夠幫助別人，與人分享，又何樂而不為？這種利他的精神，正是我們基督徒的信念。

隨着現時香港人口老齡化，愈來愈多長者的身體出現各種病痛，對醫生的需求愈來愈逼切。另外罕有病的個案也愈來愈多，這些處境都極其依賴醫療系統。遺體捐贈的意義，不只造福醫科生，而是鞏固了整個醫療系統，讓更多準醫生及現職醫生得到技術的提升，減少手術中的錯誤，將來提高香港的整體醫療水平，很自然得益的就是在病人身上，減少病痛的煎熬，這是我們樂意見到的。從台灣慈濟大學的遺體捐贈計劃中，我看到不少醫科生表示，由於遺體捐贈者的愛心啟發，他們也願意作一位良醫，用心用愛去醫治病人，但願這種精神，透過遺體捐贈計劃，也在香港中看見，最終得益是病人，也帶來整個城市的得益。

衍陽法師首次公開表達支持遺體捐贈，並公開願意捐贈遺體到香港中文大學爲「無言老師」。

【訪問】

本來無一物，何不獻軀體

傳燈法師
大覺福行中心住持
佛教院侍部主管

傳燈法師的師父衍陽法師（陽師父）第一次聽聞遺體捐贈時，是在她出家的早期。當時大嶼山寶林禪寺有位師父身患嚴重牛皮癬，不但搔癢難耐，且長年累月屢醫無效，實在身疲力盡，求生求死都了不可得，她深知是業力使然，唯有默默忍受，更發願死後捐出遺體去作研究，讓醫生從她身上找到病因以及對治的方法，讓後人不必經歷像她一般的折磨。那位師父的豁達和愛心給陽師父留下深刻印象，捐贈遺體的種子也植入了她的心田。

陽師父自十三歲起就經歷大大小小數之不盡的病痛，最初是哮喘病發，也因腦有瘀血而經常暈倒，曾試過從塌樓的廢墟中死裏逃生。出家後經歷兩度中風、肝癌和肺癌，還遇過兩次幾乎奪命的車禍，致使一節腰椎塌陷。每次生病或者意外過後，連帶着的就是冗長而沉重的治療。未出家前，師父幾乎熬出情緒病，不明白為何老天總是鍥而不捨地磨練她，直到她看到「因果」二字，猶如當頭棒喝，從此不再怨天尤人，師父緊記恩師聖一老和尚的話：「一切病苦皆由業力，只有懺悔能夠抵銷。」後來陽師父每每經歷逆境、病痛便馬上懺悔，她深信要改命改運，必須從改變心態、改變言行及舉止着手。

二〇一二年的一次因緣，陽師父跟聖雅各福群會和香港中文大學醫學院結下善緣，那場演講旨在推廣生前死後的「後顧無憂」計劃，同時鼓勵參與「無言老師」遺體捐贈。陽師父以「專業病人」自居，分享面對病痛所應持有的正面心態，並以身作則加入了「無言老師」的行列，隨即帶動許多與會的聽眾參與計劃。陽師父還交代，今後走時不舉殯，後事一切從簡，直到師父在二〇一五底捨報後，僧團都一一遵辦。

衍璇 (右)、傳燈二位法師恭送衍陽法師靈灰至無言老師紀念花園。

無論任何人，一旦他說出自己的預設照顧計劃和預設醫療指示，以及遺體或器官的安排等，親友理應予以肯定，並盡其所能圓滿意願。傳燈法師在醫院進行牀邊關懷多年，也主持過多個生死話題的講座，感受到社會人士對遺體和器官捐贈的接受程度已愈來愈開放，但當中還有部分人對死後的狀況存在疑惑，例如有老人家擔心死後仍會感到灼痛而拒絕選擇火化，或害怕醫生會在自己仍有知覺時切割器官而引起痛楚，也有人認為身體髮膚受之父母，捐贈器官或遺體是不孝之舉等。法師認為可以透過教育化解這些疑慮。也有許多院友明知自己命不久矣，想交代身後事，但親友就是不讓說，想方設法避開談死，最終空留遺憾，因為有太多話不敢說、不能說。法師強調：「真正的大孝，是幫助父母擺脫煩惱的牽絆，脫離生死的輪迴，這相較於照顧父母的飲食、穿住、起居更有意義。」

佛教視死後的遺體為無用之物，它的責任已經圓滿，沒有什麼值得留戀的。早期在印度，佛教對遺體的處置並不講究，人死後會被丟棄在林裏塚間，任由日曬、雨淋、風化、鷹犬噬食。佛教因此有一項禪修方法稱「不淨觀」，即是以遺體為所緣，觀照其不同階段的腐敗現象，從而建立定力，可以對治貪欲心。在南傳佛教國家如緬甸，有人會發願死後把遺體捐給禪修中心作此觀法用途。

佛教相信，人死後神識（即俗世稱為靈魂）會脫離身體，在往生後的四十九日期間等待投生因緣，這個階段稱中陰身。《地藏經》有明示，如果一個人的善惡業未定輕重，親人可以在七七日內以亡者名義積聚善德，比如點燈、放生、建寺等，或援助病者、困苦者，更要為亡者讀誦《阿彌陀經》、《地藏經》，甚至透過《三時繫念佛事》提醒亡者放下對此生的眷戀，開展新生。

為衍陽法師撒灰。

「無言老師」遺體捐贈計劃給予無用的遺體另一個功能。人死後一把火瞬間就把遺體燒成灰燼，但若生前安排好捐贈器官，一人最多能救七條命，這還未包括眼角膜、皮膚等，抑或可以捐出遺體給醫學院作教學用途，相信在逝者的善業功德榜上又加上幾分，遺愛人間，何樂而不為？佛教有三種布施——內財施、外財施和無畏施，其中內財施就是把血液、器官、身體布施予有需要的人，所謂「救人一命勝造七級浮屠」，意義遠比布施錢財還要大。

撒灰在撒灰池。

感恩讓我遇上

人有兩條命，一是生命、另一就是慧命。

不死的人都擁有生命。很多人只為自己而生，或者為少數人而活。人生可以過得平凡，亦可以不平凡，如果能夠將自己的生命成就他人的生命，人生的價值和意義就不同了。

當一個人受了別人恩惠的時候，都會發心、發願、發力去幫助其他人，這就是慧命。

我自己的一生，幾十年歷盡大大小小的疾病和意外，很明白病苦的滋味，特別是生死關頭時那種掙扎求存而又徬徨、無助、絕望的煎熬，所以大病不死之後，我發願能盡此生幫助其他人，包括在二〇一二年，簽署了往生後捐獻大體給中文大學作醫學研究，做日後醫科學生的無言老師。

當人生的責任圓滿之後，還可以奉獻本來已無一用的軀殼，讓其他人在自己身上找到更多的病源，找到減輕其他人痛苦的方法，這種精神和氣魄是超越時空、超越生死，這個奉獻自己的人，一定很有心量和福氣。

很感恩中大，全心為未來的人謀幸福，讓我有這個好機緣，擁有這份心量和福氣。

【訪問】

器官捐贈主任看生死

龐美蘭
資深護師

龐美蘭姑娘在中大醫學院主持器官捐贈講座。

「我長期服藥，可以捐嗎？」「我有癌症，可以捐嗎？」「我答應捐，但家人日後反對，怎麼辦？」器官捐贈聯絡主任龐美蘭聽過很多希望捐贈器官及遺體的人向她查詢有關問題。其實，每人都有捐贈器官及遺體的權利，即使患上重病，現在沒有有效藥物可以醫治，但有誰可以說將來沒有？

龐姑娘在鼓勵別人捐贈器官及遺體背後，更重要的是鼓勵病人以至其家人應該擁有正面的人生觀，安慰家人情緒的同時，使各方能理解和尊重先人的意願。

每年，她都會與同事邀請有志加入醫療工作的中學及大學生做義工，除了在學校及醫院等地方的推廣攤位中接觸不同人士，包括有興趣捐贈器官的市民、病人及家人，還會接受生死教育，而部分長期病患者亦會參與義工行列，學生在探訪時可進一步了解病人在面對病患時的生理和心理實況，例如認識到腎病患者「洗肚」的情形，因為這些年齡的學生一般較少接觸長期或重病病人，讓他們及早認知，對日後若從事醫護工作的時候，能夠更加全面地關顧病人。

不應放棄捐贈權利

向病人宣傳捐贈器官時，龐姑娘經常都會聽到一些長期病患，甚至是罹患重病的人，對長期服藥以至身體欠佳的狀況下能否捐贈提出疑問，她解釋：「不只是他們，一些患上肝炎、糖尿病、心臟病等較普遍病患的老人家亦會提出類似問題。但我會跟他們說，每人都會有捐贈器官和遺體的權利，這只視乎你的意願，不應該因目前的身體情況而放棄應有的權利，說現實一點，即使是一位現時健康

中大職員參與推廣器官捐贈活動。

的人填上捐贈意向書，也不代表他最終的身體情況會適合捐贈。」

龐姑娘以另一個角度勸解病人：「就算現在不幸患了重病，只要康復不就可以了嗎？再講，說不定將來很快會研發到特效藥，有誰知道將來會發生什麼事情？既然填報了意向書又不會即時做身體檢查以確定能否適合捐贈，何不先去做，了結心願？」

除了自身，病人也會考慮到家人方面，有病人便曾經對她說：「如果我選擇火葬，但家人反對又如何？」龐姑娘以多年的工作經驗向病人解說：「在我處理過的個案中，並沒有出現過這個情形。即使長輩曾經在死者生前提出反對，但最後仍會遵從死者的遺願去處理他／她的身後事，除非他不愛你！事實上，當事人如果在生前不好好與家人交代，家人在靈堂互相爭拗的情況我反而見過不少！」

讓孩子早日認知生死

談到家人處理生死的問題，龐姑娘有感而發：「相比後輩，老人家對死亡反而有較好的心理準備，或者他們已經經歷過先人的離去，有一定感受，但後輩甚至年輕人卻接受不來。現在仍有不少親屬看到家人臨終前，站在牀邊不斷呼喚着：『撐住！不要死呀！』就算當時真的撐過去了，對這位病患者真的是好事嗎？雖然如此，我不能怪他們，因為香港市民對生死教育方面的認知實在十分缺乏，尤其是年輕人在突然接觸死亡的時候會顯得徬徨無助，甚至有人完全不願意面對和理會家人的死亡，不去看遺容，不出席喪禮等。」

龐姑娘分享了一些經驗：「你可以選擇飼養寵物，不一定要養貓、狗，兔仔或烏龜也可以。就如我家中早前養了一隻狗，後來身患重病，那時候，我的女兒開始感受到死亡是一件怎樣的事情，明白到死亡可以在身邊發生，亦可以是隨時發生，如何令狗狗在不受折磨的環境下走最後一段路？這可以是陪伴，以及簡單的一個擁抱，相信狗狗亦可以抱着這份愛上天堂。從這件事情中，女兒初次感受到死亡，學習如何面對親人死亡，從死看生，現在的她更懂得珍惜，這是一個很好的思維練習。」

隨着香港人逐漸接受遺體捐贈，就連對器官捐贈的查詢亦多了，由於捐贈器官人士也能再捐贈遺體到醫學院，龐姑娘希望政府日後可以增加市民對生死方面的教育，繼而引發相關的討論風氣，讓更多人正面看待死亡，正確處理死後安排。更鼓勵大家「在你忙碌的生活中，嘗試停一停，看看眼前擁有的一切。珍惜愛你的人，愛你愛的人，並要說給對方知道你愛他／她，不要掩飾，更千萬不要以為將來一定有機會講，我看到不少病人想講也再沒有機會講。而且死亡不是禁忌，不論長輩抑或小孩子，放膽跟家人分享你的想法吧！」

器官捐贈者家屬心聲。（畫：龐穎希）

器官捐贈者其實也是一位器官輪候病人的「無言醫生」。

把握時機，把意願告訴家人。（資料來源：衞生署）

第三章

逝者永念
無言有愛

關鍵時刻的勇氣

黃可斐同學
香港中文大學醫學院學生

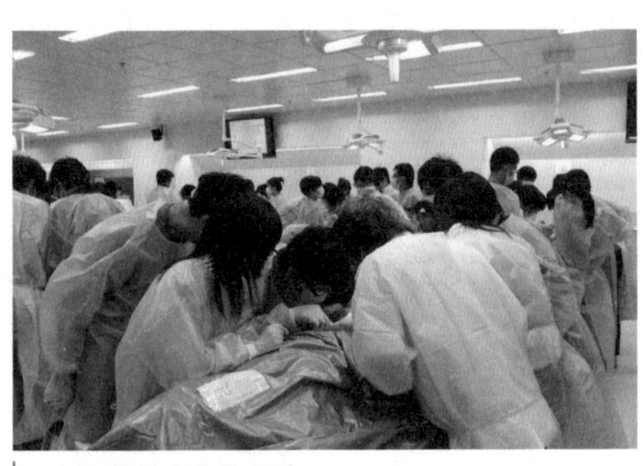

在解剖課中分秒必爭。

人生如夢，避不過時間的限制。若有日生命走到盡頭，心不再跳動，眼眸也慢慢失去光芒時，我們能遺留於世的，會只是一具冷冰冰的軀體和許多的不捨嗎？

清晰記得在第一節的解剖課下刀之前，教授帶着我們一同為無言老師靜默，空氣就像是止住了一樣，看看一具具遺體，腦海裏想到他們每一個都是生前有着豐富故事的人。摸着已經變得冷冷，僵硬的手，卻感受到他們對我們的信任，願意以自己的身軀去換取我們這群新手醫學生的知識，心中的顫慄慢慢除去，反而被作為醫學生的使命感所充滿。我們背負着如斯的期望，但無論在解剖前如何做好課前準備，溫習課堂知識，大家仍是雞手鴨腳，着刀之時充滿疑惑，擔心出錯連累同組同學之餘，亦怕因刀下得不好，不必要地破壞了無言老師的身體。但在這一年間，慢慢地明白無言老師正正希望能讓我們知道醫學的博大精深，教曉我們要每一個步驟都小心處理，提醒我們作為醫者不能出錯。所以我們要更加認真學習，不要浪費無言老師的一番心思。

首次踏足解剖室前夕，懷着戰戰兢兢的心情，幻想着冰冷、陰森的地方，出奇的是，迎接我們的是解剖室門外一面色彩明亮的牆，上面貼滿了醫學生對無言老師們感激的卡片。當時我還未明白箇中的情感，但一年過去，無言老師教曉我的遠遠超於解剖的技巧和人體結構的奧妙，而是醫生並非只是一份職業，當中的承擔和生命的重量。要有多少人在背後默默付出，才能成就一位仁醫。

雖然人的壽命有限，但人體對醫學傳承的貢獻和意義，也能如明月江水般無盡。醫學的教育不會因死亡而停止，反之，無言老師負上世世代代接力的重任，他

同組上解剖堂的同學。

們的犧牲，正正成為後來醫者的基石。因此，我們也不必感歎個人的渺小、生命的短促，也不用羨慕日月的不變，反之，我們可以活在當下，努力抱緊每一段關係，為夢想努力奮鬥，珍惜人生的祝福，亦勇敢面對歷練和不平，才能無悔一生。

「死亡」是我們會畏懼的詞語，尤其我們生於重視傳統的中國社會，死亡更被視為晦氣、讓人忌諱的；因此，我們更擅於包裝「死亡」，以其他的詞語取代它：「離開了」、「駕鶴雲遊去了」、「回天家了」等等。其實這一切都是人之常情，也沒有什麼不對。人對生命有着太多熱愛和留戀，才捨不得離開這個世界。然則，正正是失去之際，我們才能珍惜生命的饋贈。面對死亡這個未知，我們需要的不是更多的恐懼，而是留下感激的心，感激生命的賜予，更希望能將最後的氣息再贈予他人。

約翰・甘迺迪總統曾言：「人生中的勇氣通常不是在關鍵的時刻展示氣魄那麼戲劇性。」我想，正正是無言老師敢於思考和面對死亡，懷着化作春泥更護花的心志，才體現那種所謂的「日常的勇氣」吧！我期待有更多的人能提起這份勇氣，亦盼望着有一天我也能如此用生命最後一刻賜予他人。

撒灰池上的新生命。

感激我遇上

陳翠清同學
香港中文大學醫學院學生

感激讀醫的路途上遇上了無言老師，從他們身上學習了不同寶貴的課堂，無言身教，化作春泥更護花。

我入讀醫科的路並不如身邊的同學一般順利，屢敗屢試，最後成功轉系開展讀醫的路。當初毅然走上這曲折難行的路，為的是希望成為一位有影響力的醫生，為病人帶來安慰、醫治和希望。

無言身教

當醫科生的第二天便要上解剖堂，當天的情景至今仍歷歷在目。我跟同學戰戰兢兢地走到從前聽聞的醫學樓地庫，走廊盡頭的那間冷冰冰的解剖室，我們都很安靜，默默地在想像到底我們將要面對的是什麼。從來，「死亡」對我來說是很陌生的，家裏和朋友之間都很忌諱談論這事，彷佛是一個遙不可及的疆界，一個會帶來厄運的詛咒，總之提起這話題可免則免。

我走到我的無言老師前，他躺在一個袋子裏面，袋子上寫有他的名字和死因。教授帶領我們全體醫科生默哀，以表達對無言老師的尊敬和感謝。然後隨即展開教學，我們打開袋子，看到無言老師安祥地躺在枱上，那一刻，死亡並不像想像中那麼令人驚惶不安。我們小心翼翼地跟着教授的教導一刀一刀地劃，但在毫無經驗的情況下，無論我們多小心也好，也未能掌握適當的力度，最終破壞了不少組織。下課後，我感到非常自責，覺得辜負了無言老師的心意，在他身上犯了許多錯誤。我在想，假如老師知道我大意地把他的組織弄壞了，他會怎樣想呢？他生前決定當無

陳翠清在中大無言老師撒灰儀式中致謝分享。

言老師的時候，有否想過剛剛開始學醫的學生會在他身上犯錯呢？他應該是清楚知道的，然而仍決定捐出自己的身體，讓我們有在他身上犯錯的機會，從錯誤中學習，以便日後能準確無誤地幫助其他病人。想到老師的苦心，我不能再自怨自艾，要立即認真努力地為下一次解剖堂作準備。

不可取代的無言老師

隨着科技進步，醫學生多了很多渠道學習人體結構，除了傳統的教科書和解剖課，還有高科技的應用程式，能把人體各個結構以3D的形式呈現眼前，再加上詳盡的解釋和動畫，令同學一目了然。這些新產品的確便利了同學的學習，但並不能取代透過無言老師學習的重要性。

人體結構奧妙精深，但每個人的身體都是大同小異的。教科書和應用程式教我們的是「大同」的結構，如各個器官的位置，血管、神經線的脈絡等；而無言老師突出的是每個人之間的「小異」，正正是這些差異，使我們成為獨一無二的個體。還記得在二年級學習腹部的結構時，隔鄰的同學很快便找到所有器官，而我們好不容易才能解剖到腹腔的位置，發現老師的所有結構都跟書本所描述的不太一樣。原來老師生前患了胰臟癌，動過手術把胰臟和部分的小腸移除，而周邊的組織都因手術變得纖維化了，所以結構跟其他老師不一樣。到學習下肢的時候，我們發現老師雖然身體非常瘦削，但大腿肌肉卻很發達，估計老師應該是個愛做運動的人。

只要細心留意老師之間的小異，便會發現在每個外表看似一樣的身體裏，都在講述一個獨一無二的故事，都跟我們一樣曾經哭過，笑過，痛過。升上四年級後，我開始了臨牀學習，到醫院接觸病人，跟醫生學習問診、做檢查、斷症等，無言老師讓我深刻體會到當醫生不單是處理各個器官的毛病，更重要的是肩負着一份醫治人的使命。同一個病有着同一個病徵，但因為每個人的差異，如不同的工作、居住環境、生活需要等便會對病人有不同的影響。一位好醫生能見微知著，及早發現每一位病人將來有可能面對的問題，而提出一個全面並能對症下藥的方案幫助病人。

永垂不朽的影響力

三年級的時候，我有幸出席無言老師的撒灰儀式。當天跟無言老師的親人見面，他們跟我們點頭，予以信任的眼神，那時我才看到原來成就一位無言老師背後是有這麼多人的支持和信任。面對親人的離世一定是很難過的，但他們更要延長這傷痛，為了讓我們能從無言老師身上學習而延遲為至愛完成身後事。當日我亦為沒有親人的老師撒灰，我拿着盛有老師骨灰的容器，在將軍澳華人永遠墳場的紀念花園裏把灰撒下，腦海裏浮現了一幕幕上解剖堂的情景，心裏盡是感激。從前我憧憬着成為一位有影響力的成功人士，有着改變世界的夢想，但這一刻我發現，原來真正的影響力是源自一份無私、謙卑的犧牲。生老病死乃是人生的必經階段，我們沒帶些什麼來到這世上，也不能帶走些什麼。無言老師們都因着不同的原因走畢這路程，但因着同一份心意留下了他們的影響力，並轉化成紀念花園裏的小花的生命力，轉化成了每一位醫科生從醫的動力，生生不息。

今年的臨牀學習中，尤其深刻是在腫瘤科學習時，有位末期癌症的病人跟我們分享很想把自己的器官捐出來幫助有需要的人，但無奈癌症病人不能捐出器官，於是希望能當無言老師，幫助醫學生。這段對話令我回憶起兩年前上的第一堂解剖課時第一次認識無言老師，原來他在被疾病折磨的時候作出了這偉大的決定，是一個無私的犧牲，是對未來醫生的一份信任，對我們的一份期望。無言老師的精神堅定了我對自己將來行醫的期望：做一個願意無私付出，以病人為本的好醫生。

踏入醫學四年班，我們有幸到不同醫院和專科學習，包括腫瘤科。

夕陽的餘暉

謝珮嘉同學
香港中文大學醫學院學生

「您好，我姓謝，是中大四年班醫科生，今日想問一問您一些病歷……」相信這是我今年說得最多的一句話。

醫學院的課程集中於知識上的灌輸，我們大腦所有的空間都塞滿了醫學知識。我們學的是如何斷症，是療法，是如何救活病人，但甚少有人教會我們應如何面對死亡。救人是醫護的職責，但與病人面對死亡也是不可或缺的一部分。這不是埋怨為何醫學院不多加設這些課程，因為再多的理論也不及你和病人接觸所學會的多。讀醫的日子轉眼已過了四年，經過首三年埋頭於書本中鑽來鑽去的日子後，今年終於可從文字中走出來，到醫院接觸真正的病人。

「請問您這次為何會進醫院？」口罩不但能防止傳染病傳播，也能蓋着我們稚嫩的臉孔，帶多幾分專業向病人問症，但看來大多病人也不太再意。我們這班陌生人彷彿成了一個個樹洞，病人樂意向我們訴說他們的病情以至他們的生命故事。

二月，腫瘤科病房，我認識了她。

她是一名中年婦人，躺在病房近窗的位置。她頭髮稀疏，緊皺的眉頭未曾放鬆過。第一次看到她的時候她正和醫生說頭很痛，醫生為她加大了類固醇劑量。我們一行幾人慢慢步向她，向她問症，她眉頭依舊深鎖，但嘴巴卻一開一合的向我們訴說她的病情。

肺癌，癌細胞擴散至腦。

由發現患癌至今不多於一年的時間，她嘗試過歇力抵抗，化療、放射治療、標耙藥治療也經歷過無數次，但這些都不能阻止癌症的擴散，而更甚的是身體也開始對標靶藥物排斥。「我真的不想再試新的療程了……醫生說還有另一種標靶藥可試試，我妹妹也堅持想我再試一次。我真的試多一次就算了，就多一次，不行就罷了……」說到療程時她眉頭鎖得愈來愈緊。我心中不由得一陣難過，究竟到最後的階段，我們應是竭力、不理痛苦地延續生命，或是舒服的走到最後一程？我願她能真的為自己作最好的選擇吧。

她繼而向我們訴說她的一生，與妹妹相依的生活等等。「希望今天我可以幫助到你們。」問症將完結時，她也奉勸我們將來做一班好醫生。「謝謝，我們已從您身上學懂很多，謝謝您的分享。」我們急忙向她道謝。「哪裏，其實我已考慮去做無言老師，希望幫助你們更多。」她露出淺淺的微笑。

我那刻愣住了，有時我會想，一個快將病逝的人心中會想什麼，又或者我快死去時我又會想什麼？是恐懼嗎？是不捨？是不甘？是痛苦？是難過？她也許什麼也想過，但想得更多的是如何留給這個世界多一點點東西吧。作無言老師的決定一點也不易，因這違背了「入土為安」的觀念，誰希望死後的自己躺在冰冷的解剖枱上給人仔細研究？而對她妹妹來說，這決定也是一大折磨吧。誰可想像自己所愛家人的軀體被人防腐，像處於生死之間，不能與你像昔日般談笑，但卻能教導一班醫學生。

感謝，那刻我能對她說的就只有感謝。還記得大學二、三年級上解剖課的時候，我們透過無言老師學會了人體各個部分的結構，小至神經大至骨骼系統，若不是他們，即使我有再豐富的想像力，也不能把Moore、Netter、Gray's等等（解剖學書本）的圖像幻化成真實。而更重要的是，這讓我上了讀醫以來第一堂生命課——尊重，我們要知道眼前的軀體也曾是生命，要了解家人的痛，要明白我們上的雖是解剖課，但無言老師卻是貢獻了他們生命中最後的一頁。

而那天的問症，我就認識了要成為無言老師的她。聽了她的生命故事，看見她將面對生命的最後一章，而我自己也多上了一堂生命課，因我得悉臨終病人的感受和期盼，重新提醒自己對生命應有的尊重。我不能祝願她身體康復，因死神永遠是最後的勝利者，不只是她，是對所有人，對我自己，死神總會勝出，只不過我們都會奮戰到底，而她，現在已拚盡全力了。我只能祝願現時的她不再受療程的煎熬，頭不再痛，眉頭不再緊皺。往後，她的生命將延續下去，會成為我們的老師，會活在我們的腦海中。

踏出醫院，剛好面對着西邊的夕陽，那金色溫柔的餘暉照遍晚霞，烙印在我們的心間。

解剖室內，看看教授畫的圖解，再看看無言老師的身體，面部神經線的分佈便一目了然了。

醫院外的夕陽格外和暖……謝謝每一個您。

延續生命的禮物

Billy
無言老師梁擇宏先生的兒子

近來，不時從新聞得知有病人需要緊急換器官救命。我希望分享我們家的一個小故事，讓更多人認識器官捐贈，在決定前與家人溝通，和器官捐贈以外的考慮，為自己的身後事做一點打算。

二〇一五年十月，咽喉癌帶走了爸爸。我們忙於處理排山倒海的文件，「簽呢樣、簽嗰樣」外，也就立即向護士查問器官捐贈的手續。護士卻跟我們說：「因癌症離世的病人不能捐出任何器官啊！」

數月前陪爸爸覆診時，醫生已經說相關規定已放寬了，以前是連眼角膜也不能捐，但新規定下，癌症病人現在也可以把眼角膜捐出。

我將同一番說話轉述給療養病房的護士，護士一臉狐疑，之後給了一個醫管局器官捐贈聯絡主任的電話，叫我自己聯絡那人。

與電話那一邊的陸主任談了片刻後，她說立即「飛的士」從九龍趕來港島這邊的醫院找我們。四十分鐘不到，陸主任便來到病房。在處理捐贈文件時，陸主任就我們迅速聯絡她一事道謝，並解釋病人離世時間愈長，其器官功能便愈弱，所以捐贈是刻不容緩，必須盡快聯絡全港只有七位的器官捐贈聯絡主任。

能夠如此迅速地作決定，全因爸爸在生時，我們一家人已經及早商量過，並承諾會同意捐出器官。假若你有意將器官捐出，與家人早達共識這一點是十分重要，因為縱使死者生前有登記器官捐贈，但最終其直系親屬有權決定保留死者器

Billy的文章也貼於解剖室門外，讓學生更能體會器官捐贈者家屬的心路歷程。

官。而醫護人員亦不會主動和死者家人提出器官捐贈，擔心死者家人會聯想到他們未有盡力救助病人，目的是為了拿取捐贈用的「器官」，憂慮有角色衝突。

今次經驗讓我們知道，死者要成功捐出器官，極需要家人主動提出相關意願並同意落實。若生前沒有跟家人就捐贈意願講清講楚，直到辦理身後事之際，相信家人亦未必有精神、心力為此事操心。

翻查衞生署網頁，截至二〇一五年尾，有近二千人輪候換腎，三百七十五人輪候換眼角膜，還有一百四十一人正等候換心臟、肺或肝臟等。

猶記得，知道其他器官不能捐出後，我先向媽媽提出，可以將遺體捐贈予大學作教育用途。本來以為她的反應會跟其他人一樣，不外乎講一些類似「唔好搞咁多嘢」的說話，因為我身邊朋友一般都接受到器官捐贈，但對於將遺體讓人「指手劃腳」，還要「五馬分屍」，還是有點卻步。不過，媽媽不但沒有打發我走，反而問得更深入，之後便叫我去詢問爸爸意見。爸爸沒有半點猶疑，二話不說便答應了，他的爽快教我有點愕然。我不禁問他為何不假思索就答應將身體捐出，他簡單地答了一句：「身體又帶唔走，人哋有用，畀人用囉。」

由爸爸開始抗癌治療至放棄治療之時，最心力交瘁的一定是與他共枕多年的媽媽，但媽媽知道自己丈夫離世後，仍能以生命去點燃他人的生命，在他人身上繼續「跳動」，她亦從中獲得力量，亦較安慰。

爸爸離開不到數日，陸主任便通知我們，爸爸的眼角膜已經分別捐贈給兩名不同的病人，讓他／她們重獲視力。除此之外，遺體已贈予香港中文大學醫學院作「無言老師」，讓醫學生能夠更仔細和深入了解人體構造，為面對將來的病人作好準備。

雖然爸爸已經不在，但知道他離世後仍然無私為他人付出，實實在在為家人帶來無比的驕傲。希望透過這個小故事，可以鼓勵更多人為離世安排做更多準備，考慮捐贈器官和遺體，重燃他人生命之光。同時希望向所有曾經照顧爸爸的醫護人員致敬。

我的父親母親。

爸爸是個心胸豁達和有大愛精神的人。

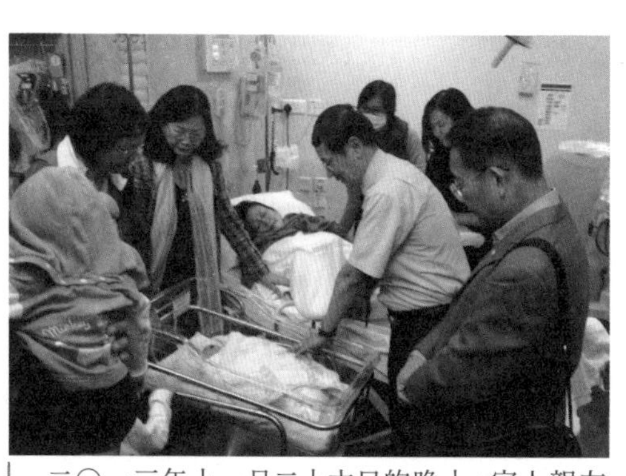

二〇一三年十一月二十六日的晚上，家人親友一起在產房內迎接朱瑋恆的出生。

【訪問】

十小時生命的老師

陳頌恩
無言老師朱瑋恆的媽媽

這天走到香港中文大學醫學院的解剖實驗室中，氣溫有點冷，但心裏卻湧着一股暖意，這股暖意來自把已去世的骨肉捐贈予無言老師計劃的朱太。

二〇一三年，已懷孕約三個月的朱太如常到醫院進行產檢，卻傳來了噩耗，醫生對她說，掃描中顯示，男嬰未能如常地長出頭蓋骨，即使勉強生下來，亦沒有任何存活的機會。

已擁有兩個女兒的朱太和她的丈夫，不但要面對這個猶如風暴的噩耗，思考如何向家中的幼女和其他家人解釋，還要決定要把沒有生存機會的骨肉生下來，抑或需要在短時間內進行墮胎手術。

朱太選擇了前者。

她希望把兒子捐贈給無言老師計劃，讓這個小生命的愛可以延續下去。

「起初一定是捨不得，尤其是基於宗教信仰，明白任何人都沒有權力主宰其他人的生命。」朱太訴說着：「懷孕期間，我看了很多關於面對將會失去親人的書，明白生命無論長短，都是有限，學會珍惜才是重要。我們決定不進行墮胎，選擇生下孩子，還在那段懷孕期間，好好準備孩子的身後事，例如預備衫褲、拍照、跟孩子說什麼話、如何處理後事等。」

孩子在當晚約十一時出世後，朱太和朱生便一直在病房抱着守候，最初夫婦倆都認為孩子應該沒有任何反應，但據醫生說，孩子除了沒有了頭蓋骨，腦部和其他器官運作正常。期間朱太看着兒子為了暢順呼吸，努力地從口中排除呼吸道的異物，到了翌日早上五時，晨光照進了病房，在朱太懷中的瑋恆縱使一直沒有睜開雙眼，這一刻卻突然轉過頭面向太陽，擠開一絲眼簾，繼而牙牙學語似的吐了幾聲，直至九時離開人世。這種短暫、震撼和超乎預期的生命經歷，讓夫婦二人都難掩泉湧的淚水。

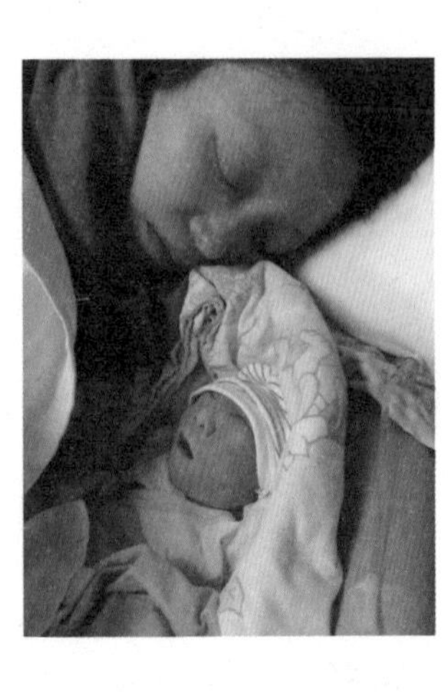

頌恩和丈夫子溢一直陪伴在側，與兒子度過了寶貴的十個小時。

同時領取出世紙與死亡證

朱太記起自己當日出院回到家中，揹着一個盛滿嬰兒用品的袋子，但肚子卻變得扁平，空虛感特別大，尤其是上奶、子宮收縮、感覺虛寒等生理上的變化，跟以前女兒剛出世時般無異。可現在，再不需要照顧嬰兒，只是坐着、閒着，雖然日間要看顧兩個年幼的女兒，還可以分散注意力，但一到晚上便感到很沉重的空虛感。

丈夫感覺也不是味兒，在孩子死去的當天下午，他便要到入境處申請出世紙，然後即時拿着出世紙到隔鄰的窗口辦理死亡證，過程中充滿着無力感，但值得安慰的是：「這張出世紙總算證明瑋恆生存過一天。」

朱太坦言，最初的想法是希望捐贈孩子的器官，而不是整個遺體，但想不到醫護人告訴他們因遺體太細，不適合作器官移殖，而當值護士得悉他們有這個意願時，給了有關無言老師計劃的資料，經過與長輩們商議後，便決定把孩子的遺體捐予無言老師計劃。

一家五口子的家庭照。

「我沒想過長輩們都一致同意我們的想法！」

朱太說，或者因為她的父親是牧師，母親是院牧，他們曾經歷過在美國修讀有關課程期間，在半夜時分為一位婦女由於剛誕下一位沒有頭蓋骨的早逝嬰兒，需要即時進行情緒支援的事情，可沒想過這椿事情會同樣發生在自己的女兒身上。至於均身為小學校長的翁姑，他們得知朱太和朱生決定把孩子捐作無言老師後，不但覺得此舉很有意義，更笑言：「那我們現在全家都是老師了！」親友的支持給予了他們心靈上的安慰。

除了自身，朱太還要兼顧及兩個女兒的感受：「她們只得幾歲，細妹不知道發生了什麼事，家姐得知弟弟沒有頭蓋骨便活不下去的事情後，最初聽來也一頭霧水，但跟她說弟弟不能回家跟她們玩、睡覺、吃飯時，她才開始『扁嘴』，明白失去的感覺。不過當時女兒還小，雖然哭了，但她們對生死沒有很多概念，單純地想到離開便是分開的意思。但我知道她們現在仍很惦念細佬，例如在玩煮飯仔的時候，她們都會把碗碟分給爸爸、媽媽和細佬；到太爺爺去世的時候，家姐一面摺紙鶴，一面說道：『這些紙鶴也摺給細佬，細佬便可以跟太爺一起玩了！』」所以直到現在，我們一家人仍在掛念着與太爺爺一起的兒子。

惡言相向，但無悔奉獻

當時不少媒體報導朱太和兒子的事情後，網上有很多留言，有鼓勵的，例如讚揚他們無私奉獻的精神，但亦有不少尖酸刻薄的：「蠢」、「無人性」、「冷血」、「難道不知道孩子會痛的嗎？」等字眼不絕。對於這些留言，朱太承認最初難以接受，甚至牽動着她的不快情緒，其後，她明白到網上留言並不是討論問題的理想地方，便不再理會。

「無謂因為別人的一句說話記足一世，而且我一直採取開放態度，隨時歡迎與網友面對面傾談。」

「世上沒有父母希望放棄孩子，亦沒有人可以決定別人的生死，但剛出生的孩子沒有自理能力，而我深信所有父母都希望給予孩子最好的。正如我知道孩子出生後不能存活，但我仍然注意健康，希望給予胎兒最好的營養，又會讓家人和教友摸摸肚皮，讓孕中的嬰兒感受到被愛的感覺。經過這些事情之後，我會希望繼續與其他人分享自身的經歷，因為不同的訪問可以令自己更踏實，思想更清晰，慶幸自己培養了這些良好的心理質素，讓我可以安然度過這場風暴。」

「最重要的是，參與無言老師可以拯救更多生命，我認同當中的理念，就是寧願在遺體劃上多條疤痕，好過對活人落錯一刀。」朱太強調。

對於是否繼續生育，她笑言：「如果刻意便不好了，但意外的話也會欣然接受。」

對於生命的意義，朱太有着豁然的看法，亦由於那位「無言」的孩子賦予了她這種對生死的看法，讓生命轉化成可以長傳下去的奉獻。現在，這個男孩的部分器官已經製成了標本，供日後教學用途，繼續為在世的人帶來希望與幸福。

在無言老師撒灰紀念花園中，兒子朱瑋恆的石碑。

瑋恆BB於中大醫學院設置的無言老師牌區留有金屬名牌。

醫學生寫下感謝的話予朱瑋恆家屬。

瑋恆BB家人在中大圖書館講座中分享。

天生沒有頭蓋骨的瑋恆BB
成了最年輕的「無言老師」
Faculty of Medicine
無言老師
香港中文大學醫學院「無言老師」遺體捐贈計劃

衷心感謝你們的奉獻！
God bless your family!
Sunny

Thank you for your kindness and selfless generosity! Truly appreciate what you have done!
Sonia

感謝你們無私的奉獻
願寶寶在天上平安
Yuko

Thank you so much for your contribution :)

Thanks for your kindness :)

壽命的結束，不代表生命的終結，感激你的誕生，燃亮更多醫學生的心！

感謝你們的奉獻，沒有你們就沒有那麼多的醫生，你們救了許多人，
RIP.
Sharon...

感謝您們的無私奉獻，
我們衷心感激您們！

Thank you so much for your selfless contribution
RIP

Thank you so much for your selfless generosity! I have learned so much.
Allen

Thank you for your selflessness and kindness.

謝謝你們在傷痛下的無私奉獻，小寶寶雖離開了我們，但他即將讓我們成為一個好醫生！
Syl

生命不在於長度，而在於重量。
你們的慷慨，令你們的孩子的生命重于泰山！
劉怡君 Daisy

多謝
Amanda Cheng

Thanks so much!

Thank you very much!
Brian Lau

Thanks so much! Pray God be with your family =) Matthew

Thank you very much!
Dominic

致朱子溢、陳頌恩、嘉惟、巧瞳和瑋恒，

衷心感謝您

bless you and your family

Thank you very much for your kindness. It must be hard for you to make the decision you did. Please know that we are grateful & thankful for your selflessness.

Thank you so much for your selflessness and love!

Zoe

Thank you for your selflessness!

Thank you 感謝.

Kathy

Thanks,
Wang Ming Yan

多謝你們一家感人的見證。你們對BB的愛為我們留下感人的小故事。BB雖小，但定必成為我們的「老師」。盼望你們一家日後生活平安 =)

Earnest

THANK YOU
deepest condolences

感謝你們的無私奉獻！

多謝你們 :)
God bless

感謝你們!!
林子耀

萬分感謝
你無私的愛令我們獲益良多

ChoYiu　Joey

Thank you so much! Wish you all a grateful & wonderful life :) Happily ever after!

Van.

感謝您們讓瑋恒感受父母家人的愛，也感謝您們讓我們感受瑋恒的愛。

希望BB在另一個世界可以活得更快樂 :)

感謝您們的無私奉獻，希望瑋恒在天國活得快樂！

Victor.

最好的總是無言

陳寶儀
小學老師
無言老師林德有先生的太太

我時常跟他說笑：「嘩！你個腦好特別，好有用喎！我諗，應該醫生都想睇吓卦，我都想睇睇呀！」他就「格格格」聲的笑起來，又用盡全身的氣力，將頭微微仰起，瞪大雙眼，豎起大姆指。他只是要告訴我：「對呀！」

我知道，他欣賞我這樣哄他開心。

我從後擁抱他，用手撫摸他的頭，親親他那圓圓的耳朵；又用心撫摸我和他那受傷的心靈，親親我們這段幸福的關係。

我的丈夫，也是我的知己——林德有，從二〇一三年九月三日開始，除了「副校長」之外，多了一個「銜頭」——「額顳葉腦萎縮症及肌萎縮性脊髓側索硬化症」（FTD with ALS）病患者。特別的名字，罕見的疾病，揮不掉的傷痛。隨之而來的日子，就是「一場仗」：失語症、吞嚥困難、肌肉萎縮、智力下降、心肺功能愈來愈差等等。親眼看着最愛自己，而自己又最愛的人，在眼前每天一點一點的「消失」，派得上用場的形容詞，大概都是「痛苦」、「恐懼」、「擔心」、「無助」……絕對沒有一個是正面的吧！

在餘下短暫的相處日子當中，「痛苦」二字肯定擺脫不了，但我們依然選擇「愛」、「同行」和「優質的生活」。

阿德的病，把我和他帶進人生一個全新境界。生死這課題，比什麼都重要。本來，我們都是很熱愛教學工作的老師，很喜歡跟孩子相處。學校，就是我們的

陳寶儀丈夫患有「額顳葉腦萎縮症及肌萎縮性脊髓側索硬化症」。

舞台，讓我們可以盡情發揮。後來，我辭掉工作，全職照顧和陪伴早已無法繼續工作的他。

這些日子，天天都滿是淚水。哭完，可以再哭。「由橫隔膜到咽喉，整個胸腔，全是淚水」，這樣的形容，很誇張吧！但這是一個真實狀況啊！除了哭之外，為了要讓我們有好好的裝備，去迎接擺在前面的艱難日子，我每天都上網找尋資料，亦跟外國相關組織中的病人及家屬交流，從中獲得不少資訊和學到寶貴的照顧技巧，甚至，學懂如何調適自己的情緒。我總不能出事，比他先死吧！積極地去面對疾病，就是唯一的出路。

似乎，我們是一天比一天「專業」——是專業的病人及專業的照顧者。二人同行，縱然奔波，卻從不分開。

奔波，是為了找合適的醫療及生活所需，是為了找合適的支援，例如認知障礙症協會日間中心、屯門醫院紓緩治療、聖公會聖匠堂安寧服務、聖公會康恩園、鄰舍輔導會嚴重殘疾人士家居服務和元朗盲人安老院欣康樓等等。

奔波，也是為了在他仍能行動，以至後來他坐輪椅的日子，我和他依然可以去「拍拖」。我們隔天便會外出。商場、教會、公園、餐廳、畫展、音樂會、文化中心、機場、戲院……和朋友聚會，連去醫院覆診都是一個節目——見完醫生，去吃東西囉！去癌症病人資源中心逛逛囉！雖然，他不是癌症病人，但那個小花園，實在令人感到太舒服了！

陪伴着我和阿德一起奔波的，還有很多很多愛我們的人，包括家人、朋友、同事、學生、鄰居、醫療人員……幸好，總有天使在身旁。

說到覆診，漸漸地，我們主動將覆診延期，半年又半年的，在倒數的有限生命中，將覆診期無限期押後。覆診這回事，對於一個大家都沒有頭緒的病，對於一位情況急劇地下滑，卻又堅持不用鼻胃管餵飼，情緒穩定，身邊有對他不離不棄，愛他疼他照顧他的病人來說，覆診所花的時間，體力和金錢，不如花在真真正正的生活上。

在面對生死分離及沉重的照顧壓力的同時，我們已一早預備好，能夠保障及保護我們自己的相關文件，包括預設醫療指示、持久授權書、遺囑及遺體捐贈卡。

他的情況確實惡化得相當之快。別人看我和阿德很堅強，事實上並非如此。「堅強」二字，在面對如此令人傷痛的局面上，完全用不上。很多難關，是需要柔韌、堅持和不斷禱告才能走過。

二〇一八年一月，阿德最後一次入院。在等候送上病房的時候，我思量着：「唉！這次又要去爭取一張減壓牀墊……」醫院的減壓牀墊數量不足，又因電機上的問題，不許病人自備減壓牀墊。一位全身癱瘓的末期病患者，沒有減壓牀墊，肯定不到三天就會有壓瘡。想到這裏，眼淚就來了。

就在此時，看到阿德旁邊的婆婆。她也是躺在那裏，等待上病房。婆婆沒有

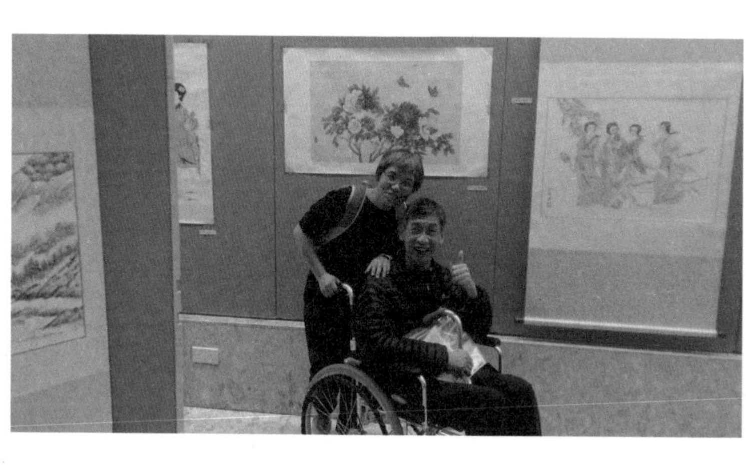

夫婦一起逛畫展。

親友陪伴，連一個小枕頭也沒有，一張薄薄的毛巾被蓋着屈曲瘦弱的身體。回頭看看我這被寵被愛的丈夫，那裏有五個小枕頭墊着他的四肢，有一張院舍姑娘特意給他蓋上的毛氈，還有摯愛的妻子在身旁給他陪伴及安慰。

我輕撫阿德的頭髮，低聲對他說：「喂！老公，今次，我哋唔爭取啦！嗰張減壓牀墊畀其他人用啦！」他用無力的眼神望着我。懂？抑或，不懂？

知道，不知道，通通都沒有所謂了。生死大事，擺在眼前，心情是前所未有的低落。

到了病房，如往常一樣，我跟護士說：「我用咗好多心機，至keep到我老公冇皮膚潰爛，冇壓瘡，唔該，可唔可以幫忙安排一張減壓牀墊畀林德有？」當然，護士也很無奈，也要時間安排，因為減壓牀墊實在不足夠。

我跟老公說了情況，無論他有沒有意識，我都會跟他說話。回家路上，眼淚不斷在流。但晚上睡得很沉，一來疲累，二來，減壓牀墊的事放下了。四年多，阿德已經得到上佳的照顧，那張減壓牀墊，就讓他們留給更需要的病人吧！

第二天，很早到了醫院。鄰牀的伯伯說：「哇！你個老公張牀，今日好大工程呀！」

什麼「大工程」？啊！我看見了，是減壓牀墊！很感恩啊！我沒有忘記去謝

陳寶儀在丈夫的安息禮拜伴奏獻詩。

過護士。不過，他的體溫過低，血壓很低……我知道，他應該也知道，我們在一起的時間不會太多了。

一月十九日清晨，他離世了，走得很平安，沒有喉管，沒有壓瘡，最重要的是，我和他都沒有遺憾，只有愛。他很有尊嚴地活過，很有尊嚴地結束地上的勞苦。

二〇一七年八月，我在facebook上留下這個post：

和一位患罕見疾病的丈夫同行，就是打一場仗。要有心理準備，就係「我哋會輸」。

咁，咪由得佢，算數囉！做乜仲要做咁多嘢？

嗱，呢個世界有樣東西稱為「愛」。「愛」的偉大之處，就在於：你唔使做偉大的事，而係做小而對，又有心去做的事。明白了嗎？

Miss Chan個老公患病，他癱瘓，失語，吞得辛苦，不到40kg……但是他仍在做一件「小而對的事」，他讓醫院及院舍的醫護人員，去認識這個病，去學習如何照顧這類病人。將來的患者，就會得到更佳的照顧。將來的照顧者，會知道「哦，原來即使場仗會輸，但是可以輸得十分漂亮，無怨無悔，雖敗猶榮。因為有愛。」

安息禮拜完結後，為丈夫送行到中大醫學院。

人生勝負難料。依我看，從另一個層次去看這件事，「我哋係贏咗」。他肯定不會落寞地死去，我們跨過了死亡。他仍然是「老師」，而且是一位有上帝同行，有好多愛的「無言老師」。

「做小而對，又有心去做的事。」好好地去愛你要照顧的人。你就是他的「唯一」，請不要離他而去。

參與「無言老師」遺體捐贈，是在他確診FTD with ALS之後的決定。他是老師，自有他的使命。

在我心目中，他永遠是最好的老師，而最好的，總是「無言」。言語，只是其中一種表達愛的方式。我的丈夫，已經用他自己的生命，表達了這份深厚的愛。

謝謝他，讓我學懂很多很多。生命，如此脆弱，卻又是如此茁壯。他在天家看着我，開懷地笑了。

林德有老師的安息禮拜。

手作感謝卡。

陳寶儀到中大分享與丈夫的生活點滴
與喪夫後的心路歷程。

謝飯祈禱。

最後一堂生死教育的課

飛飛
無言老師溫秀琼女士的女兒

追溯起來，我與「無言老師」的緣份緣起自父親。當父親證實患上了胰臟癌，在醫院接受手術治療期間，主診醫生有一個新的手術醫療方案，能減輕病人手術後創傷及後遺症的臨牀研究，希望父親能成為實驗者之一，當時仍精神奕奕的他二話不說，一口答應：「把我的身體隨便拿去進行醫學研究，給你們多些機會練習增加成功率。」我對他那種無私的奉獻精神感到肅然起敬。儘管他只是自稱「希望能幫助醫療技術的發展並『回饋』醫院所幫助他的一切」。那時的我們，只認識「臨牀實驗」、「器官捐贈」，後來父親不敵癌症先行離開，我們只能對他未能成為器官捐贈者感到惋惜，但也為他能在生命最後的一刻，把身體貢獻出來協助醫生開發新醫療方案，造福未來的病患而感到欣慰。

父親離開後，我放下工作，全心照顧因腎衰竭影響，行動開始不太方便的媽媽。我買了一輛輕便輪椅帶她到各地旅行遊玩，以及接送她來回醫院進行血液透析。某天，在等候媽媽洗血期間，我在網上看到介紹中文大學「無言老師」計劃的網站，了解到原來人的身體在靈魂離開之後除了可以用作器官捐贈外，還可以成為「無言老師」，給醫科學生於解剖課上作「練手」之用，又或者當作手術練習、救護及醫學研究之用，又有可能成為人體標本教學之用，再加上受到當初父親的行為影響，我也覺得自己靈魂離開後身體其實也可以在火化前再做些貢獻，於是便在網上進行了登記。

某天我與媽媽一起去將軍澳華人永遠墳場拜祭外婆，經過「無言老師」撒灰花園的位置時，我也告訴了她我的意願，她聽我解釋過「無言老師」的意義及老師們所擔當的角色後，她立刻要我幫她登記成為「無言老師」捐贈者。

父母因山而認識，生前喜愛到處旅行，這份喜愛也一併傳承至我身上。

媽媽患上的腎衰竭除了靠「洗血」來延續生命外，另一個比較長遠及可靠方法就是「器官移植」，因此我們都明白器官捐贈的重要性，而我們也一早簽訂了「器官捐贈卡」，但萬一像父親那樣不能成為捐獻者呢？媽媽很想報答現今醫療技術對她的恩惠，因此「無言老師」這個計劃正正讓我們可以用另一種方式回饋及報答現今醫學給予我們的禮物。

儘管不想面對現實，但任何歡樂的時光都有完結的一日。在那個我永不會忘記的晚上，在醫院的病牀上，我們最後的一次對望，我們最後的一句說話，接着一班醫生衝進來把我推出病房，半小時後，我那最親愛的、之前還與我談話說她心臟不舒服的媽媽，已變成一個只靠着呼吸器支撐肉身呼吸，瞪着一雙空洞的大眼，沒有意識、不再說話、等待着登上往生列車的娃娃。

之後經歷了幾次心外壓急救後，醫生告訴我們，要是再進行心肺復蘇壓心，會可能出現胸骨斷裂並會對心臟及肺部造成插傷破壞，看着躺在牀上瞪着眼睛，不能說話的母親，心裏雖然縱有萬般不捨，也不想承認她準備遠去的事實。但目睹過母親昏迷前的種種不適，我也知道還未離去的她雖然不能開口表達，但身體仍是有感覺的，難道在這個最後的時間裏還要她再加重痛苦嗎？單是這麼想已經感到撕心裂肺，於是我同意了醫生的建議「放棄急救」，同時向醫護人員請求協助聯繫器官捐贈聯絡主任，希望能實現媽媽「器官捐贈」的遺願，期望她這個尚存一息的身體還能再為世界留下一點用處。

帶着痛苦的等待是十分漫長而煎熬的，你既希望時間不要過得那麼快，因為

父親離開後，我帶着媽媽一起到處旅行。

不捨她的離去，但也希望時間能過得快一些，因為不忍她再繼續痛苦下去。好不容易，醫護人員過來傳達消息，說：「聯絡主任不會過來，也不會取用你母親身體的任何部分。」雖然這一刻我還在為快將失去親愛的人而悲痛不已，但仍有一分理智想去了解清楚醫院未能實現媽媽遺願的理由，再次詢問得到的答案卻是：「聯絡主任沒告訴我們原因，只是說不來了。」

聽到這個確認沒有聽錯的答案，讓我那顆已經跌至谷底的心再墮冰窖，那時真想大哮一句「什麼叫做『不來了』？」我們知道捐贈者其中一個條件是腦死亡，但心臟停頓的先人仍可以捐贈眼角膜、皮膚及骨骼等組織，如果你們說媽媽的身體不適合捐贈那麼我們會理解，也會坦然接受，畢竟母親這個帶着長期病患的身軀，也真的沒有什麼「好的」能留給別人了。可惜，這草草一句「不來了」不但不能安撫我破碎的心，只會讓我更加憤怒地覺得「是不是你求回來的器官捐贈者就是寶？我們自願提供的就是草，所以不希罕？」「身體器官用不了？那麼眼角膜呢？你們查也不查就肯定的不需要了嗎？」

也許是當值的醫護人們對器官捐贈也不太了解吧，他們也許見過、經歷過病患者的生離死別，也許會感到傷心難過，但他們未必能理解，一位喪親者到底掙扎了多大的不捨和感情，提升了多大的勇氣才可以開口主動提出這項決定。他們也許不知道，一句沒有原因、沒有解釋的「不來了」到底對我有多殘酷。但事已至此，聯絡主任不來已是事實，而我心裏所累積的壓力也已經沉重到不想再反駁什麼，心裏只想到一點：「現在只有中文大學可以幫媽媽圓夢了。」雖然聽上去，至親的人尚未離開便如此準備身後事十分不孝，可是我知道如果媽媽可以說話的話，她也會這樣要求的，因為這是我最親愛的媽媽唯一的心願。

當正式送別媽媽登上那輛永不回頭的往生列車後，我帶着不捨及痛楚，與當時在中文大學負責接收「無言老師」的丁經理聯絡，他很詳細地跟我解釋接收「無言老師」的流程，也很有耐心的回答我所有疑問。並在我完成殯儀館中所有儀式後，親自在中文大學醫學院安排及等待我把母親送來正式成為「無言老師」。我之前經歷過親人離開，但把他們直接送往火葬場火化，跟送上大學告別感覺還是有些分別的，雖然把媽媽送進醫學院，那怕將來接回媽媽，也不能再次開棺瞻仰遺容，但這一刻心裏好像覺得她仍然留在這個世界似的。畢竟，一至兩年後我們還能「見面」多一次，而我心底裏也期望，母親能成為醫學生的啟蒙老師，也能成為標本教學的一分子，以另一種方式留在這個她喜歡的世界。

在等待媽媽回來的日子裏，我用盡各種方法讓自己能重新適應一個人的生活，包括參予各項義工活動，也一直留意生死教育的各種宣傳。轉眼媽媽在中大停留已經快要接近兩年，但卻一點也沒有收到可以接回她的消息，心裏不免有些着急。剛巧在一次推廣生死教育的講座上有幸認識了中文大學醫學院「無言老師」遺體捐贈計劃發起人伍桂麟先生，他了解我的情況後，親自協助查詢媽媽的情況，原來我媽媽被安排擔任醫學生解剖課的「無言老師」，不過由於新生的「功力」尚有進步空間，因此媽媽未能成為人體標本教學老師。而剛好這段時間，沙田威爾斯親王醫院需要一些有病歷的「老師」協助進行醫學研究，而媽媽也符合研究條件，伍先生問我可否願意延遲接回媽媽讓她先協助此項醫學研究，我當然樂意之至，畢竟媽媽的身體還能在火化前再有用處，而且是跟她生前的疾病有關的醫學研究，這對媽媽來說不正是實現到「回饋」的心願嗎？

時至今日，媽媽身為「無言老師」的任務早已完成，但這不是故事的終結。現在的我，除了是一個器官捐贈者及「無言老師」捐贈者外，在哀傷輔導社工協助跳出悲傷後，也加入推廣生死教育的機構擔任圓滿人生及殯儀義工，協助喪親者辦理後事及社區宣傳等服務。原來不知不覺間，父母用生命教導我的最後一堂課——「回饋」，這個理念早已成功傳承到我身上，我相信將來當我也成為「無言老師」之時，我的父母會因為我能跟隨他們的步伐而感到驕傲的。畢竟，這是父母親親自給我上的「最後一堂生死教育的課」。

正在「洗血」的母親終於可以如願前去北京一遊。

父母以身教告訴我何謂「回饋」。

感謝陳活彝教授的教導。

莫忘初衷

周卓茵
香港中文大學中醫學院骨傷推拿高等文憑畢業生
無言老師周初昇先生的女兒

猶記得十年前，我修讀中文大學中醫學院的中醫骨傷推拿課程，由於中醫在骨傷及推拿的臨牀治療時，都要對人體解剖學有透徹了解，才可以對病人的骨骼及肌理進行準確判斷，所以課程中安排了進入中大醫學院的解剖室學習及考試。平日解剖室都是守衛森嚴，西醫學生在第一、二年要到解剖室作解剖及學習，其他時間及一般學生都是禁足的，中醫學院難得可以安排在這裏上課，這特別的學習機會，我們同學都十分珍惜每次到解剖室學習的時間，也同時深深感激中大醫學院擴闊了我們中醫學生的視野。

據聞中大醫學院解剖室的標本塑化技術是東南亞首屈一指，我們同學均第一次接觸標本，便懷着好奇及戰戰兢兢的心情進入解剖室上課。在上課前，中大前解剖學學系主任、現任生物醫學學院副院長陳活彝教授講解遺體的由來，提及過往多年來都是靠無人認領及少量捐贈才可以製作標本，並千叮萬囑我們仔細研究之餘，要珍惜每件標本，因為每件標本製作需時，都是醫學院的珍藏，每個標本所演示的教學性質都不一樣，例如展示肌肉、血管、神經等等，一旦損毀便失去意義，某些部位如果要修補的話，都要花頗長時間。所以，我們在每次解剖室課堂開始前，在教授帶領下默哀，以感謝每個標本背後的捐獻者。

從此，我對解剖室了解多了，在上課時，我曾經問過教授，為何標本大多是男性？當時教授慨歎地說，醫學院的遺體來源最初是靠本港公立醫院無人認領的遺體，從來沒得選擇作標本的性別，來一具便製作一具，所以要以超級的塑化技術才可以「對得住」來源。

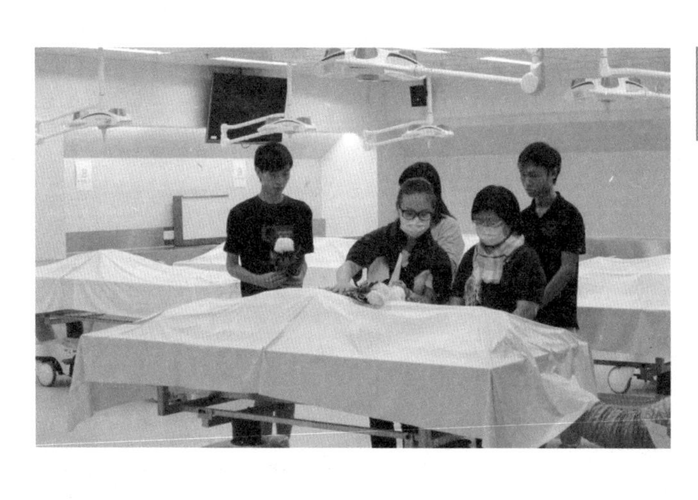

周卓茵與家屬在醫學生陪同下參加在解剖室的告別禮。

教授這些說話，深深的印在我腦海裏，望着碧海藍天的吐露港，感慨現今社會少數人認識捐贈計劃而影響教材質量，更覺得眼前所見的教材得來不易。

課程完結後，知道香港可供研究的遺體實在有限，為了鞏固所學，我曾經和幾位同學，在外地跟大學教授的指導下，用解剖刀及儀器，親自解剖已經作防腐的遺體，研究肌肉的長短及深淺層、纖細的血管分佈、筋膜軟硬度、淋巴所到之處，以及所有器官的位置、大小等等，那種親手觸及的質感，與醫學書籍及現代各種造影技術是無法比擬的，那時的感覺到現在還深深的記着，更明白解剖對於每一個醫生，甚至是西醫骨科、中醫骨傷科的學生或醫師來說，解剖時得來的觸感經驗，在臨牀診斷時是何等重要。

一次意外，父親得了急性肺炎而離開我們，那是課程完結後兩年的事。事發在凌晨時分，事情來得倉卒，還未來得及接受事實之際，心想父親一向身體壯健，相信各個器官有很大機會幫助輪候移植的患者，可以遺愛人間。於是在這緊急關頭，我們詢問醫院當值護士怎樣聯絡器官捐贈組，該組接聽的姑娘一邊慰問，一邊詢問死因，但當知道是因為肺炎而所有器官甚至連皮膚都不接受捐贈時，我真的十分愕然，頓然覺得能否捐贈，也要看緣份。

在醫院的我，那一刻像全世界停頓了，腦海一片空白。一向大愛的父親，未能完成他器官捐贈的心願，我該怎樣處理？過了幾小時，在傷痛中想起醫學院教授的話，便立刻和媽媽及舅父商量，可否將父親的遺體捐贈給中大醫學院作學術用途，媽媽和舅父知道我學醫多年，都明白教學的重要性，所以對這個決定十分支持。

在得到家中長輩的允許後，我亦同時向行醫五十多年的家庭醫生王大衞醫生詢問意見，王大衞醫生聽到父親這位老朋友過身，雖然難過，但仍毫不猶豫地讚成我的決定。從前在港大醫學院畢業的他，仍然很希望香港可以有醫學研究庫，例如腦庫（Brain Bank）等，以供研究創新的治療方法，他對提升治療病人疾患的學術仍然非常熱忱。

那時期，還未有遺體捐贈的正式途徑，我於是致電當年中大的解剖學老師，生物醫學學院副院長陳活彝教授，問可否將遺體捐贈醫學院，陳活彝教授在電話中安慰，並安排解剖室經理丁偉明先生協助及跟進。那刻我實在感激陳教授，在我不知如何完成父親的遺願時，讓我知道可以申請捐軀作教學，也圓我回饋母校醫學院對我教導的心願。

我將這意願告知醫院，由於當時遺體捐贈並未普及，醫院冊籍部門職員也沒有既定程序，經過幾天的三方會議（我、中大醫學院、醫院的冊籍部門），終於有點曙光。原來食環署的車輛不能由港島跨過九龍，醫院職員說過往家屬沒有權去選擇移送那間學院的，但我是堅持要送去母校，最後在多番商量、多份食環署的文件填寫簽署、寫明因由之下，才獲准特別處理。雖然波折重重，在完成文件過程後，醫院冊籍部職員都很欣喜，說這次的自願捐贈是該醫院第一個成功個案。

醫學院安排了場地，我們眾親友進行了簡單的告別儀式，父親就展開他為期兩年的「教學」之旅。

雖然只是暫別，知道兩年後可以領回骨灰，但仍然是十分不捨得，每當靜下來的時候，就會想起父親仍然在醫學院。對於遺體捐贈作教學這個決定，當年仍然很罕見，除親友以外，我也向中大中醫骨傷科老師陳得生教授傾訴過父親生前的點滴，陳得生教授也知道我這個決定，他十分明白在學習骨傷科的過程中，要熟悉人體的三維結構，就要多看解剖書，如果可以到解剖室研究就更好，唯有解剖才能清晰了解不同組織，在將來臨牀時，對病人的診斷和治療就更加準確。話雖如此，外界能否接受也是尚早，但陳教授在他的課堂中經常向學生提及這次捐贈意義，更加肯定了我的決定是正確的，也給予我無比的勇氣向外界分享，十分感激陳得生教授默默的支持與鼓勵，而這樣也為我作了日後宣傳「無言老師」的開端。

在告別儀式後的首個清明節，醫學院安排我接受《經濟日報》、《東方日報》及雜誌《溫暖人間》訪問，我的初心是希望完成父親意願及答謝醫學院教導之恩，沒想過要在傳媒上公開自己的想法，不過又想到這是一個可以幫醫學院宣傳的重要機會，所以我請示了中大中醫學院的副院長、統籌中醫骨傷推拿課程的林志秀教授，望藉着以中醫學院的學生身分來接受傳媒的訪問，林志秀教授對這個可為醫學院宣傳的訪問深表讚同。在訪問出街後，沒想到身邊的老師、長輩及朋友們都非常支持，絕不忌諱地談論這項計劃，也說到將來有機會可以參加。及後「無言老師」這四個字，在坊間起了很大的迴響。

接着，香港傳媒展開了這個從來在傳統社會顧忌的話題，相繼訪問醫學院的學生對解剖教材不足而導致學習的影響。我自上次被紙張媒體訪問後，醫學院再次安排我接受亞洲電視的新聞部訪問，在醫學院助理院長陳新安教授的帶領下，第一次面對錄影傳媒的我十分緊張。陳新安教授帶着我在熟悉的解剖室走一遍，他用桌上的標本以生動的教學模式教導，我在鏡頭下再次學習，心情因而放鬆了，面對記者的提問仍可對答如流，完成整個錄影過程。記者當時問到，可有什麼說話令親人過身前有送來醫學院作教學的想法？我想起每個人面臨過身時，都必定經過醫護支援，包括醫生、救護員、護士等等的診斷、治療以及搶救，不論結果如何，他們的醫學知識，也是從醫學院學習中得來的，我們可以藉此回饋醫學、寄盼今天的貢獻，將來可以換來更優秀的醫護人員。

時光轉眼已兩年，父親完成了「教學」，我和媽媽及親友再次回到解剖室，與負責解剖的醫科學生、其他無言老師的家屬一起作遺體火化前的最後告別儀式。在儀式上，陳新安教授提及對家屬的偉大決定、捐軀者無私奉獻的精神是十分令人敬重外，也以肺腑之言，勉勵一眾在場的醫科學生首要尊重人體及生命，每個「無言老師」都曾經是一個活人，他們也有至親、他們生前也有自己的故事，並且要好好記着曾經在課堂中每落的一刀，因為這是行醫前的預習，將來用在真正的病人身上，每一刀、每一個決定都要是正確，來答謝眼前的「無言老師」。最後，負責每一具遺體的醫科生上前向「無言老師」獻花，以及將紀念卡送贈在場的親友，場面溫馨感人。我和媽媽接到學生親手寫的紀念卡，內容訴說他們兩年內，每次課堂時都「陪伴」父親，在他結實之軀上學習到豐富寶貴的人體結構，而且因為某些部位及器官十分健全，已經製成為標本，放在解剖室內作永久教學用途。我和媽媽聽到之後，都感謝醫學院的用心教學，感謝醫科生這兩年內對父親的遺體如此珍惜。

遺體由醫學院安排送往火化後，便細心的安排日期及交通工具，接載我、媽媽和妹妹，以及其他「無言老師」的數以十名的家屬，到將軍澳華人永遠墳場無言老師紀念花園，進行撒灰儀式，在陳新安教授帶領默哀、解剖室兩位經理丁偉明先生及伍桂麟先生安排一切下，儀式莊嚴而隆重，難得的是父親可以在這優美的環境立碑紀念，我、媽媽、妹妹及舅父，都十分感謝醫學院有此安排，讓親屬參與儀式之後，感覺為父親完成使命後劃上完美句號。

相隔數年後的今天，「無言老師」四字已經成為網絡搜尋器的熱門關鍵字之一，在香港已經並不陌生，我在當年幾次的媒體宣傳中，欣慰的是聽到社會得來的訊息十分正面。為此，實在感謝中大醫學院陳新安教授、解剖室兩位經理丁偉明先生及伍桂麟先生，多年來對「無言老師」不遺餘力的宣傳及對生死教育的積極推動，也使社會對教學解剖有正向的價值觀、令遺體捐贈的意願得以傳承。

我也完成中醫學位課程，順利畢業，在即將出來行醫之際仍不變初衷，回想起當年以中醫學生身分去作這個決定是正確的，家族甚至乎海外的親友都覺得當初的決定是毋庸置疑。盼點滴積聚，希望現今的遺體捐贈，除了是給醫科生作教學之外，也能有足夠的數量供應給在行醫的醫者作深入學術研究，不用像我當年般遠赴外地學習就好了。

父親年青時為弟妹供書教學、到為我們這頭家勞碌半生，一生盡孝盡義，到辭世後能榮幸地當中大醫科生的老師，確實以他為榮，也感謝媽媽、舅父及王大衛醫生當年對我的決定作出支持，如果家人長輩中有一個反對，也絕不會成事。

最後，衷心感謝以上提及的中文大學教授、當年提供協助的港島區醫院職員、中大醫學院解剖室前任經理丁偉明先生、現任經理伍桂麟先生，感激我的家人、朋友、中大中醫骨傷班同學沿路扶持，以及在天上的中大中醫學院骨傷科恩師岑澤波教授、醫學院解剖室程大祥老師及偉大的父親。

中大醫學生寫下感謝卡予父親。

中大無言老師撒灰花園留念。

周卓茵與中醫同學來參觀中大解剖室。

鄺佐輝先生拍攝於母校前。

親愛的爸爸——鄺佐輝

Florence, Jade & Ruby
無言老師鄺佐輝先生的三位女兒

爸爸生於一九五六年七月十一日，是一位虔誠的天主教徒、資深演員兼節目主持。信奉天主教的他為人善良、正直、樂觀、對年長的父母非常孝順，並以身作則帶動我們參與各種義工活動。自小他便教導我們要本着感恩、慷慨、善良的心做人，這些格言我們都銘記於心。

二〇一四年中，爸爸確診患上第四期腸癌。勇敢的爸爸得知這個消息後，明知即將要面對藥物及治療的痛楚，不但沒有畏懼，沒有怨天尤人，還樂觀積極面對接受治療。他對生命仍充滿希望，勇敢面對，安然接受一切天主的安排。

爸爸先後接受八次化療，曾以為抗癌成功，但癌病最終復發。為擊退癌細胞，爸爸決定接受標靶治療，惟副作用太大且太辛苦，最終只靠藥物止痛。雖然我們的家庭並不富裕，但爸爸都會盡量給我們最好的。在爸爸離世前一周，我們一家人輪流二十四小時陪伴在側。當時，他因病情惡化，意識模糊且情緒不穩，無意地向我們發脾氣。有時難以明白爸爸意思，令我們束手無策，但他仍懂得關心我們是否睡得好，吃得飽。

服用嗎啡及鎮靜劑令爸爸長期處於迷迷糊糊的狀態，有時候出現幻覺，經常感到不適，雖然會向我們發脾氣，但轉回頭又懂得向我們說對不起，就像小時候，我們令他生氣了，他之後又會哄回我們一樣。看着爸爸疲倦不堪卻難以放鬆入睡，令我們非常心疼。記得有個晚上，在爸爸牀邊的沙發睡着了，朦朧間醒來看到爸爸向工人姐姐示意要保持安靜，然後用他僅餘的力氣舉起手指着我，跟工人姐姐說：「麻煩你，幫我女兒蓋上被子……」當時我躺在沙發上，不禁落淚。

鄭佐輝先生支持「身前行動」慈善夜跑，宣揚器官捐贈。

爸爸臨終前幾天，一位修女探望他時，叮囑他千萬不要埋怨。爸爸雖然受盡病魔纏鬥，但仍堅定地答：「我沒有埋怨。」在旁聽見的我們都深深感受到他的意志如何堅定。

縱然他神志愈來愈不清，他一句「我很幸運有妳們三個女兒在」，即時溶化了我們的心。

支持器官捐贈和遺體捐贈的原因

受到教義的影響，爸爸常懷感恩之心，素來以助人為快樂之本，樂於參與不同的義務工作，自小建立捐血助人的習慣，生前捐血逾三十次，並於很早期已簽署了器官捐贈卡，希望身後都能夠為社會出一分力。甚至彌留病榻時，仍不忘發揮大愛精神，登記成為「無言老師」。患病期間，他更大方參與宣揚抗癌的慈善活動，以及讓慈善團體記錄其積極抗病的經歷，製作成生命教育短片，造福後人。他生平曾服務過的機構包括「鐘聲慈善社」、「開心頻道」、「泰山公德會」、「身前行動」等等。

自小他便向我們交帶他離世後，我們要把他遺體能用的部分捐給有需要的人，然後進行火化，既環保又能幫助有需要的人。由於癌細胞擴散至身體多個器官不宜捐贈，我們選擇了將爸爸的遺體捐贈作無言老師，給大學作研究用途，讓他能遺愛人間。

作為女兒的反思

爸爸曾忠告大家，預防勝於治療，大家應定期做身體檢查，及早作出適合的治療，若得知患病亦該勇敢面對。或許自小就被爸爸感染，我們都深明火葬之後都是灰飛煙滅，所以早已接受捐贈器官的概念。

記得爸爸在我們年幼尚未懂寫字時，已經常常教導我們一些金石良言：「幸福並不是必然的，成功更不會有僥倖」、「得人恩果千年記」、「施恩莫望報」、「God help those who help themselves」。隨着我們慢慢長大，想起這些金句，才領略到他希望我們成為一個怎樣的人。

爸爸，我們三姊妹很感恩，有你作為榜樣，現在真的擁有一顆善良和孝義之心，亦希望能感染更多人一同以助人為樂。

在聖堂祈禱中。

鄺佐輝先生協助「身前行動」拍攝器官捐贈宣傳短片。

藝人鄺佐輝癌症復發病逝後捐贈遺體至中大醫學院，而喪禮由陳日君樞機主禮。

【訪問】

最美的相愛別離

吳若希
著名藝人及流行歌手

在幕前一副傻大姐、經常笑臉迎人的吳若希，對於生死卻抱着飽經歷練的想法，她不只認為對生應該珍惜，對死亦不應留戀。

對於生死，她用「無乜所謂」來形容，少年時的人生態度亦偏向負面，經歷不快的遭遇後更曾經自殺的她說：「現在回想起來當然是做錯了，自己的離開，不單是自己的事，還會令父母傷心，幸好當年沒有做到一些恨錯難返的事。」

她不只開始懂得珍惜生命，還懂得了解和關心別人。記得她早在中學的時候，有工作人員前來學校宣傳器官捐贈計劃。「當時印象很深刻，其中最記得，是那位工作人員曾經憶述一位年輕的女士因車禍去世，她的眼角膜可以遺贈予另一位病人，令他重見光明。我當時在想，除了要立即寫下那張器官捐贈卡，還要好好保護自己的眼睛，哈哈哈……」接着就是她的招牌笑聲，率真中散發着大愛。

孩子令她珍惜生命

除非有突發意外，否則每人都要經歷生、老、病、死，吳若希自言在世時有太多負擔，貢獻有限，如果死後能夠幫助這個社會，她會樂於去做，但這不代表她輕視生命，尤其是有了小朋友之後，她比以前更懂得珍惜：「之前不會擔心過自己的健康，還不時叮囑身邊的人，如果自己患了重病或遇上意外，千萬不要搶救自己，寧願給自己舒服地離開；但現在有了小朋友，不但開始注重自己的健康，還希望自己可以長命一點，因為可以多點時間留在孩子身邊，陪伴她，教育她。」

當吳若希得悉有一位朋友參與了無言老師計劃，並在社交媒體中認識到這個計劃，她便開始瀏覽更多關於該計劃的程序和方法，搜集資料，其後在二〇一六年加入了無言老師計劃。然而，在一次閒聊中與弟弟傾談這件事的時候，他的第一個反應卻不太正面，總是說：「不要說這些。」、「這些事情遲一點再說吧」，吳若希明白到弟弟的反應就如很多人一樣，尤其受到傳統家庭觀念的束縛下，有些人會有忌諱，甚至害怕去延續這個關於死亡的話題。不過她也有自己的一套：「我是家中的長輩，我跟弟弟說出我身後的意願只是屬於知會性質，而非詢問，反正我說過就是了。」

值得高興的是，現今的社會對捐贈器官和遺體的想法漸趨開放，即便如此，她認為無言老師計劃應該在宣傳上再花點功夫：「如果不是我知道有朋友參加了這個計劃，我也不知道有無言老師這回事，所以我覺得應該提高曝光率，給予更多人了解這個別具意義的計劃。」

無論在生死觀抑或實踐層面，吳若希都能以身作則，不只對孩子施以身教，更期盼這份心願可以影響更多人，幫助更多人。

我想跟你說

「對如何處理身後事或面對死亡，不應該選擇逃避，事先與家人溝通，免得他們日後為自己『頻撲』，亦可減少給他們帶來的麻煩。況且，人死後的軀體已經不再重要，心靈才是最重要的。」

吳若希在Facebook及Instagram宣傳已登記成為無言老師。

享受和女兒相處的時間。

有時間會多出外走走，體驗一下不同地方的風土人情和地道文化。

【訪問】

臭皮囊用得着？拿去吧！

鄭佩佩
資深華語演員
香港著名武俠女星

因着佛教信仰，所以看透了人生；抑或憑着她豐富的閱歷，早已參透了世情？佩佩姐的處事態度不但正面，而且貫穿了生和死。「生時要做有用的人，死後亦然。」這種無界限的生死觀，讓她在對人和對事方面都一樣包容、豁達。

她憶述如何得悉和參加無言老師的計劃：「有一日，我跟尹懷文（作家）言談之間，知道她參加了這個計劃，了解之後覺得很有意思，覺得既然人死後的身體都沒有用處，可以用這個沒用處的身體幫助其他人不是好事嗎？於是我便去申請了。」佩佩姐尤其欣賞「無言老師」這四字，道出了這個計劃背後的意義，於是她在獲取兩位見證人的簽名後，便在二〇一四年正式參加了無言老師計劃。

何必眷戀？

縱使她的廣東話不太靈光，但總是笑聲不絕，就在這種閒聊的輕鬆氛圍間談到了沉重的生命話題：「其實除了捐贈遺體，我也有填寫捐贈器官卡，死後器官也沒用了，不如捐給其他有需要的人。或者我是佛教徒，很相信輪迴這回事，死後的靈魂仍會存在，並會去到另一個新的身體，既然舊的身體不能帶走，又何必眷戀？」

佩佩姐在填寫遺體捐贈意向書後，已經告知家人，而他們亦同意和明白其意願，並予以支持，但她不會刻意向子女「宣傳」，她強調身教的重要：「我一直都以身示教，只要自己做得對，他們自然也會跟隨，不用逼，也毋須講，即使是自己的子女，我也十分尊重他們，因為我明白，有人對死會感到害怕和恐懼。」

六十歲那年我和四個孩子去日本旅行。

《大醉俠》最有代表性的扇子接錢鏡頭。

她很欣賞外國對於捐贈的普遍性，就如美國，每一張車牌背後都會有器官捐贈表格，在當地來說，捐贈器官已經變成一件很自然、人人都會做的事情。

二〇一五，在一次中國國內著名的高收視節目中，佩佩姐分享生死觀，而且更坦然簽署了中大的無言老師遺體捐贈計劃，並在鏡頭之前拿出計劃的宣傳單張，就這樣簡單的一個動作下，真正「震驚十三億人」。俠之大者，真英雌也。

雖然佩佩姐如此豁達，但她亦道出她的擔憂：「我對現在的生活十分滿意，但唯一擔心的，就是我經常在香港、中、美兩邊飛，萬一我在外地過世，不知道如何把遺體捐給中大了！」因為香港中文大學是不便接收境外遺體的，但鼓勵捐贈器官或遺體到當地醫院和大學，所以大愛捐獻，也需要「隨緣」吧！

這份助人之心，既真誠，亦可愛，願她的心意可以永遠傳承下去。

我想跟你說

「不論生抑或死，我都希望做一個有用的人，如果我離開之後，這副臭皮囊用得着的話，便拿去用吧，這樣做我會感到很滿足。」

第四章

無言之友
生死之思

人生列車的完美一程

胡令芳教授MD, FRCP, FRACP
香港中文大學賽馬會老年學研究所所長
香港賽馬會流金頌計劃總監
梁顯利老年學及老年病學研究教授

我們每個人都坐着自己的人生列車，由首站一路經歷出生、讀書、工作、結婚、生兒育女、安居置業、退休……而列車上，會有家人、朋友或遇上不同的人與我們同行。有人上車，有人下車，有聚有散……當臨近尾站的時候，你想怎樣安心、溫暖、愉快地度過？想如何和身邊的家人摯愛分享自己的心願？

「五福臨門」

每逢農曆新年的時候，總會聽到一句祝福語——「五福臨門」，大家有沒有想過，「五福」代表的是什麼呢？第一福是長壽；第二福是富貴；第三福是康寧；第四福是好德；第五福是善終。不少人常常遺忘了第五福「善終」的重要。「善終」指生命將要完結時，心裏沒有牽掛和遺憾，安祥自在地離開。我們可以積極正面的態度去認識及準備生命最後一程，生命晚期身體上的痛苦，也不是必然的。你可選擇不同的醫療安排，讓自己平和及有尊嚴地走完人生的旅程，並為自己將來的醫療需要，特別是臨終階段所接受的醫療方式，與家人和醫護人員溝通，預先作好選擇，一旦失去自決能力時，預先訂定的意願亦能被尊重，可以有尊嚴及安詳地離世，為人生畫上完美的句號，這就是第五福「善終」。而安寧服務是一個能夠幫助我們去到「善終」這個車站的服務。

世界各地對「善終」的看法

美國加利福尼亞聖地亞哥大學醫學院於二〇一六年四月發表了「好死」（安寧）的關鍵指標，分析多個國家的研究報告，界定了十個「好死」的主要因素，最

香港中文大學賽馬會老年學研究所定期舉辦大型活動，讓公眾更了解有關晚晴規劃，為人生最後一程作好準備。

重要的前三位包括：可以選擇的死亡過程、沒有經歷痛苦狀態及得到情感的支持和安慰。另外還包括有信仰／宗教支持、有一個完滿的人生終結、可以選擇治療的方法、有尊嚴、得到家人的支持，以及能保持有質素的生活。

台灣的趙可式博士歸納了「善終」對病人的意義，得出「好死」有三大方面，包括身體平安：軀體的痛苦減輕至最低、臨終的過程不要太長、身體完整及清潔整齊、能活動；心理平安：承認、放下、不孤獨、心願已了無牽掛、在喜歡的環境中享受大自然；思想平安：一天過一天不去想太多、有意義的一生、人生苦海即將上岸。

香港方面，香港中文大學公共衛生及基層醫療學院在二〇一六年進行電話調查，訪問了1,067名三十歲以上香港市民，了解大眾對死的看法。被問到「若被診斷出患絕症認為最重要的是……」，有34%的人認為與所愛的人在一起，另外34%的人認為免除痛苦不適，控制病情。其次為有私隱及尊嚴地離去、有人聆聽及尊重自己的願望、有受過訓練的照顧者幫助自己及家人、滿足宗教、屬靈或文化需要、有專業的醫療支援應付緊急情況等。有87.6%受訪者選擇希望接受適切的紓緩治療，毋須延長生命，但可讓自己更舒適，只有12.4%選擇盡可能以醫療方法延長生命，縱然治療方法會令自己感到痛苦、不適。

香港中文大學賽馬會老年學研究所定期於新界東醫院聯網及院舍舉辦講座及工作坊，提升醫護人員應對死亡的能力及質素。

安寧服務

世界衛生組織為安寧服務訂下重要原則，當中包括：

一、安寧服務是對生命的肯定，並視死亡是自然過程；
二、不會加速或延長死亡的發生；
三、提供痛楚和病徵控制；
四、照顧心靈方面的問題；
五、為病人提供支援系統，幫助他繼續積極地生活直至離世；
六、為家人提供支援，幫助他們面對病人的疾病和處理哀傷。

經濟學人智庫於二〇一五年十月公布「死亡質量指數」調查，並根據善終及醫療環境、人力資源、醫療護理的可負擔程度、護理質量、公眾參與等因素來排名。在全球八十個國家中，英國排名第一，澳洲和新西蘭分別排第二位和第三位。在亞洲地區方面，台灣排名第六，是亞洲第一；香港排名第二十二，當中香港的「公眾參與」排名最低，反映本港在市民大眾和醫護人員推廣「安寧服務」方面仍有改善空間。

香港政府預計直到二〇三〇年，四分之一的人口將年滿六十五歲或以上。根據香港政府統計處二〇一六年的統計資料，六十五歲或以上的人口有1,163,153人，佔整體人口的15.9%。香港的男性平均壽命是81.3年，女性是87.3年。人口老化帶來的問題迫在眉睫，當中包括晚期疾病。現時醫療資源捉襟見肘，醫護人

香港中文大學賽馬會老年學研究所亦會於長者中心進行講座，加深長者對安寧服務的認知。

員與晚期病人交談時間少之又少，許多醫生在照顧晚期病人方面有時感到有心無力，而家屬很多時也未能及時了解病人的意見。如果醫護團隊、病人及家屬三方能夠共同協作，就可訂出大家都樂見的晚期照顧方向，因此提升醫護人員在這方面的能力尤其重要。每位醫護人員都應該學習面對死亡，懂得何時談論、如何談論及聆聽。

「賽馬會安寧頌」安寧服務培訓及教育計劃

香港中文大學獲香港賽馬會慈善信託基金支持，於二〇一四年成立賽馬會老年學研究所，積極透過社區服務計劃、培訓及研究，為社會人口老化問題作出貢獻。在安寧照顧方面，研究所作為香港賽馬會慈善信託基金於二〇一五年推行的「賽馬會安寧頌」計劃伙伴之一，透過推行「安寧服務培訓及教育計劃」，在醫管局轄下的新界東醫院聯網及院舍舉辦講座和工作坊，透過培訓提升醫護人員面對及處理死亡的能力，改善晚期護理服務的質素，以及協助他們更有效地向病人、家屬及公眾打開晚期照顧的話題。與此同時，研究所亦定期舉行不同類型的活動如展覽、講座、刊物、小組討論、大型公眾教育活動等，讓長者更了解晚晴規劃的需要，為人生最後一程作好準備。

每個人都希望在人生列車中走上完美一程，你可以認識有關安寧和紓緩照顧服務、認識預設醫療指示，與醫護人員和家人討論醫療決定。另外，你也可以回顧人生、貢獻自己，確定自己對他人的付出；可以對所愛的人表達心意，以減少自己的遺憾。

【吾該好死】（共45版）。

準備人生最後一程

在病人仍有決定能力時，事前與家人及醫護人員溝通了解及商討日後不能自決時的醫療及照顧計劃。預早計劃能幫助家人明白和理解自己的意願，讓家人有心理準備，可避免家人在作決定上出現磨擦，較容易適從及執行你的意願。

我已完成以下的準備：

1. 回顧一生，訂出未完成的心願 ☐
2. 向醫護人員了解自己的病情及預計之後的情況 ☐
3. 認識「預設醫療指示」 ☐
4. 與家人商討照顧方式 ☐
5. 與家人商討治療方式 ☐
6. 選擇晚期時接受的治療 ☐
7. 訂立平安紙 ☐
8. 處理財產分配 ☐
9. 訂立持久授權書，讓受權人能協助打理財務 ☐
10. 喪禮形式 ☐
11. 殮葬安排 ☐
12. 其他：＿＿＿＿＿＿ ☐

晚晴照顧手冊 6

賽馬會安寧頌 -
安寧服務培訓及教育計劃

晚晴照顧手冊

擁有者：＿＿＿＿＿＿ 第一次更新日期：＿＿＿＿＿＿
首次填寫日期：＿＿＿＿＿＿ 第二次更新日期：＿＿＿＿＿＿

策劃及捐助 Initiated and Funded by:
香港賽馬會慈善信託基金
The Hong Kong Jockey Club Charities Trust

香港中文大學
The Chinese University of Hong Kong

【晚晴照顧手冊】（共10版）。

了解更多有關晚期照顧的資訊，歡迎瀏覽香港中文大學賽馬會老年學研究所的網站：

網址　　http://www.ioa.cuhk.edu.hk/zh-tw/
Facebook專頁　　https://www.facebook.com/ioacuhk

【吾該好死】(共45版) 和【晚晴照顧手冊】(共10版)，可於以下連結下載：
http://www.ioa.cuhk.edu.hk/zh-tw/resources

參考書目

Chung, R. Y. N., Wong, E. L. Y., Kiang, N., Chau, P. Y. K., Lau, J. Y., Wong, S. Y. S., ... & Woo, J. W. (2017). Knowledge, attitudes, and preferences of advance decisions, end-of-life care, and place of care and death in Hong Kong. A population-based telephone survey of 1067 adults. Journal of the American Medical Directors Association, 18(4), 367-e19-367.e27.

Meier, E. A., Gallegos, J. V., Thomas, L. P. M., Depp, C. A., Irwin, S. A., & Jeste, D. V. (2016). Defining a good death (successful dying): Literature review and a call for research and public dialogue. The American Journal of Geriatric Psychiatry, 24(4), 261-271.

The Economist Intelligence Unit. (2015). The 2015 Quality of Death Index Ranking palliative care across the world. Retrieved from The Economist website: https://www.eiuperspectives.economist.com /sites/default/files/2015%20EIU%20Quality%20of%20Death%20Index%20Oct%2029%20FINAL.pdf

World Health Organization. (2016). WHO Definition of Palliative Care. Retrieved from World Health Organization website: http://www.who.int/cancer/palliative/definition/en/

胡令芳 (2017)。〈專家札記：學習迎接死亡 走得安詳〉。取自 https://news.mingpao.com/pns/dailynews/web_tc/article/20170403/s00005/1491155788543

胡令芳 (2017)。〈專家札記：用筆記下疑慮 主動問醫生〉。取自 https://news.mingpao.com/pns/dailynews/web_tc/article/20170109/s00005/1483898081626

香港政府統計處 (2016)。《2016年中期人口統計主題性報告：長者》。取自https://www.statistics.gov.hk/pub/B11201052016XXXXB0100.pdf

趙可式 (1997)。〈臺灣癌症末期病患對善終意義的體認〉。《護理雜誌》，第 44 卷 1 期，頁48-55。

預設照顧計劃也是生涯規劃

陳裕麗博士
香港中文大學醫學院那打素護理學院副教授
香港中文大學賽馬會老年學研究所副教授
醫院管理局訂立預設照顧計劃指引工作小組之成員

近年本地其中一個熱門用詞是「生涯規劃」，對象針對學生們為未來發展的籌劃。事實上，生涯所指的又何止是青少年時期？人生不同階段都會面對不同的挑戰而作出計劃。在人生旅途來說，我們比較少有周詳計劃的可能就是生命晚期時段。這一章節就是試圖解構可以如何為生命晚期作好計劃。

醫學角度與患者角度：孰重孰輕？

隨着醫療科技及社會配套在過去數十年的急速進步，常見的死亡原因已經由意外及傳染病轉為癌症及各樣慢性疾病，包括心血管疾病、中風、認知障礙症等。臨牀經驗所見，生命晚期較常見的狀況是患者的病情漸趨嚴重，令治療效用成疑，換句話說，就是用盡所有治療都不一定可藥到病除。

傳統來說，我們都會理所當然地相信醫護人員的專業醫療知識，可以為患者作最適切的治療決定。有些研究嘗試比較醫護人員與患者或家屬對各樣維持生命治療的看法時，結果發現，原來面對生命晚期的治療時，大家的見解可以有很大的分歧。研究甚至發現，醫護人員對這些治療的取態會因為不同的觀點與角色而有所不同。其中一項問卷調查結果顯示，當他們是以醫護人員的身分去作決定時，大部分回答者都會鑑於醫護的職責，贊同為晚期認知障礙症的患者用人工餵飼方法去維持生命。但當他們採取換位思維，被問到假如自己是當事人會如何抉擇時，結果剛好相反，就是大部分都不希望在生命晚期時接受這些只以維持生命為目標的治療。同樣地，有些調查亦發現回答者以親屬或當事人的角色去考慮同樣問題時，亦會得出不同的結論。這些差異帶出了一個讓我們反思的問題，究竟

如欲了解更多有關預設照顧計劃之詳情，可於YOUTUBE以「吾可預計」作搜尋字，觀看有關片段：

解讀
https://youtu.be/BzFJ9n8Tf5k
守望
https://youtu.be/3y-Dd9Tk6MA
相惜
https://youtu.be/roy-pIUIkPc

醫療照顧的決定應該如何作決定，甚或乎由誰的意見作準？

什麼是「預設照顧計劃」？

「預設照顧計劃」的理念是於當事人在神志仍清醒時，事先與家人及醫護人員計劃生命晚期的照顧，希望透過患者及照顧者共同參與，讓大家表達對晚期照顧的價值觀及期望。「一日之計在於晨」這句話正好帶出趁早計劃的重要性。

為什麼要「預設照顧計劃」？

無可否認，關於生命晚期醫療護理的話題是敏感而沉重的。但是如果從另一角度去想，計劃的過程其實不是要患者消極地放棄治療、放棄生命。計劃的意義就是讓我們可以珍惜當下，與身邊人坦誠地分享自己的想法。美國有一位八十來歲的老太太在得知自己患有末期癌症後，與家人及醫護團隊表示她寧願好好享受生命中剩下的日子，所以她斷言拒絕了成效存疑的化療，更決定離開醫院。她的兒子尊重她的意願及盡力抽時間陪伴左右。及後，他們將這段日子到處遊歷、吃喝玩樂的相片在網上分享，因為他們的分享體現出病患者及家屬可以如何正面及積極地面對生命晚期，而被網上廣傳。

相反，有些患者因為未曾清晰表明自己的意願，家人之間又對治療決定出現分歧，結果要對簿公堂。有些親屬亦因為在不了解患者的意願下，當目睹他們在生命晚期接受種種治療後，不論結果如何亦感到悔疚。從這些例子可見，一個人的晚期照顧並不只影響患者一個人，這段日子的生活質素可以對其家屬在哀傷期，甚至於往後的日子帶來深遠的影響。

如何開展「預設照顧計劃」？

計劃過程可以五個步驟來概述：

第一步——了解
因為計劃過程牽涉多方面，我們可先了解晚期照顧可能出現的情況；

第二步——思量
透過反思自己的人生價值觀，定義自己對晚期照顧的期望；

第三步——討論
與家人朋友分享自己對晚期照顧的看法，以達成共識；

第四步——紀錄
將自己的意願記錄在醫療檔案內以供日後參考；

第五步——回顧
定期回顧意願，有需要時可更改意向。

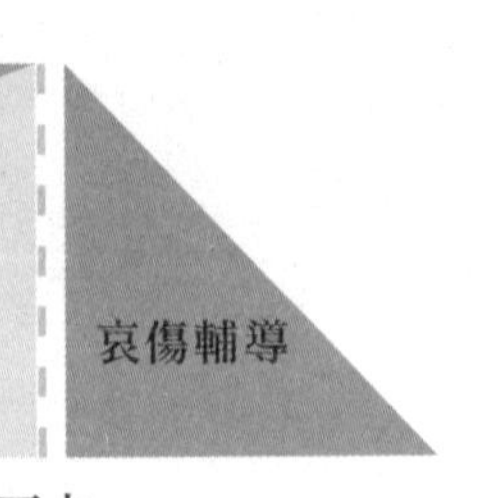

「預設照顧計劃」的內容

計劃過程是以人為本，需要讓當事人有充分的時間去分享個人患病經驗、顧慮或擔心，或於他人經驗中獲得啟發，從而衡量維生治療之利與弊，訂定自己對生命晚期所期望的照顧目標。另一方面，亦是賦權他們對身後事作出不同的選擇，例如他們可表達對器官捐贈、或捐贈遺體作「無言老師」的意願、遺產的分配及殯葬的喜惡。這計劃過程亦可同時讓當事人分享心底話，以「四道人生」，包括道謝、道愛、道歉及道別，饒富意義。台灣著名作家瓊瑤透過社交網站分享自己對晚期照顧的意願，做了個很好的示範，免除了她的兒子和兒媳日後在代作決定時可能要經歷的心理掙扎。

對人生終點站的期盼

總括而言，「預設照顧計劃」的目的是讓我們計劃對人生終點站的期盼，內容廣泛，不只局限於對各項維持生命治療的決定，而且強調當事人與身邊人分享自己對晚期照顧及身後事的意願，促進彼此溝通及了解，令大家明白到各自背後的想法，以達成共識。

人工餵養。

維生治療。

家人的陪伴同行也十分重要。

從公共衛生看生死

鍾一諾博士
香港中文大學賽馬會公共衛生及基層醫療學院助理教授
著名音樂人

公共衛生與晚期護理

公共衛生大致有三方面的主要功能：健康推廣及疾病預防（Health Promotion and Disease Prevention）、風險減低（Risk Reduction）及提早介入（Early Intervention）。在這篇文章內，我嘗試闡明怎樣從這三方面的公共衛生角度出發去思考及制定有關晚期護理的服務及政策。

在健康推廣及疾病預防方面，可以從小按年齡的需要開始進行相關教育（而不是只對長者或臨終病人灌輸有關知識），如紓緩治療、預設照顧計劃、預設醫療指示、不作心肺復甦術等，讓廣大市民，不論年紀及背景，對生死及晚期護理有更多的認知及了解，以及讓自己對生死有更充分的心理和實際的準備。當大眾對晚期護理有一些基本概念，而不是到了患上不可逆轉的疾病後才去開始理解，對病人、家屬或醫護團隊也是較為理想。對於風險減低，晚期病人的風險不在於死亡作為人生終點的本身，而是在於他們臨終日子是一段怎樣的過程，例如：有沒有辦法避免不必要的痛苦及症狀，減低受苦的風險；有沒有辦法減少對病人使用不必要甚或是無效用的治療方法（futile treatments）；病人的意願有否被重視及預早與醫護團隊商討；病人及家人有沒有得到足夠的護理支持、精神及哀傷輔導等。而對於提早介入，現時有很多案例指出，醫生大多都會用上針對性的治療醫治重病病人，到病情發展至不可逆轉的時候，才會建議病人接受紓緩治療，令紓緩治療變得被邊緣化，予人的印象是：接受紓緩治療的病人就像在「等死」。但事實上，紓緩治療可以甚至有需要提早介入，與針對性治療按比例同時存在，再按病情的發展調較比例，這對病人的病況與心理狀況都會較為理想。

經濟學人信息社(The Economist Intelligence Unit) 2015年所發佈的《死亡質量指數》報告 (The 2015 Quality of Death Index)。

香港晚期照顧近年的發展

早在上世紀九十年代，香港的紓緩治療措施已經開始發展，而台灣當時還派了學者、政府人員到香港視察並參考本地的紓緩治療措施；但到了最近十多年，香港在晚期照顧發展方面卻是原地踏步，而雖然台灣較我們遲起步，現在已超前了香港。根據經濟學人信息社（The Economist Intelligence Unit）二〇一五年發佈的《死亡質量指數》報告（The 2015 Quality of Death Index）[1]，台灣排名是亞洲最高，世界排名第六位；而香港則排在世界第廿二位，比新加坡（第十二位）、日本（第十四位）及南韓（第十八位）排名低。在生死教育方面，台灣不僅在中、小學已經開始，在幼兒班還有各式各樣的繪本讓小孩子也能學習有關生命和死亡的概念，而在社區還有基金加持，邀請明星（如已故演員孫越）前來向廣大公眾推廣。

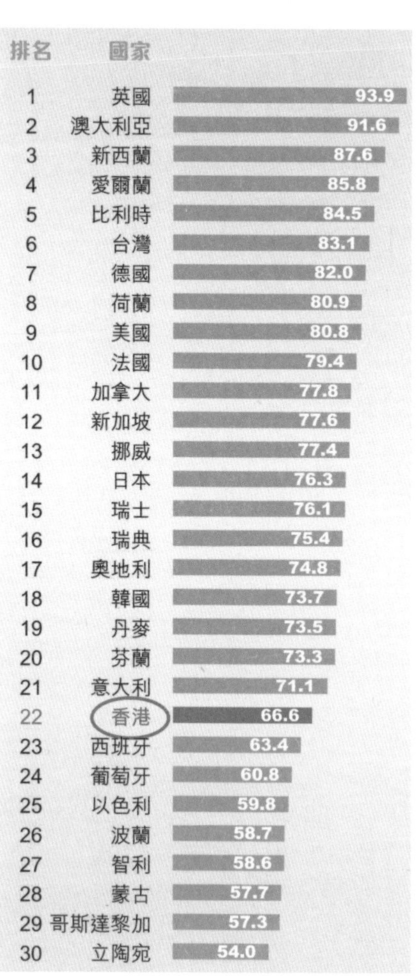

排名	國家	得分
1	英國	93.9
2	澳大利亞	91.6
3	新西蘭	87.6
4	愛爾蘭	85.8
5	比利時	84.5
6	台灣	83.1
7	德國	82.0
8	荷蘭	80.9
9	美國	80.8
10	法國	79.4
11	加拿大	77.8
12	新加坡	77.6
13	挪威	77.4
14	日本	76.3
15	瑞士	76.1
16	瑞典	75.4
17	奧地利	74.8
18	韓國	73.7
19	丹麥	73.5
20	芬蘭	73.3
21	意大利	71.1
22	香港	66.6
23	西班牙	63.4
24	葡萄牙	60.8
25	以色列	59.8
26	波蘭	58.7
27	智利	58.6
28	蒙古	57.7
29	哥斯達黎加	57.3
30	立陶宛	54.0

二〇一五年度死亡質量指數綜合得分。

鍾一諾與其兄組成的音樂組合「鍾氏兄弟」曾譜一曲《回到主身邊》紀念祖母。

在家離世

我們可以從「在家離世」的情況看到生死教育的重要。「在家離世」的概念在台灣比在香港更有認受性，甚至很多台灣醫院都有「趕回家」（rush back）的服務，好讓希望在家離世的病人如願以償。台灣能夠推動「在家離世」的原因，除了是台灣的文化信念普遍認為人死後的靈魂能夠回家是一件對死者好的事，他們的醫療政策也有這方面的配合。反觀香港，根據醫管局的數據，超過九成的臨終病人都會在醫院離世[2]。香港政府食物及衛生局委託我們中文大學賽馬會公共衛生及基層醫療學院的研究則顯示，香港人多在醫院離世有幾個層面的原因，包括法例上的限制（如沒有兩星期內被醫生探訪或沒有被診斷為末期病患的死者均屬須予報告的死亡個案等）、醫療制度（如在公型醫院內離世的屍體均會被送往免費的醫院殮房等）、實際的考慮及方便（如不想屍體在運送途中滋擾或令鄰居感到不安、覺得盡用醫院的設施是納稅人應有的權利等）、文化價值（如在家離世不吉利、家人不想每天看到親人死去的地方、不希望死者被驗屍以致「死無全屍」、認為醫院必然有最好的設備照顧病人等）及香港頗為獨有對影響物業價值的憂慮等。雖然很多的考慮因素是合理的，但也有些是值得商榷甚或是帶有誤解的，就例如：普遍認為所有被驗屍的須予報告死亡個案均需要被解剖驗屍，但現實中大部分的驗屍是沒有進行解剖的需要；還有在網上的一些「凶宅網」經常把非外來因素（如謀殺、自殺）致死的人士（如心臟病人）都列入凶宅之列，令更多人對希望在家辭世有更多忌諱。但事實上因病致死的人是死於自然因素，而不應該被列入為「凶宅」。

鍾一諾在自己婚禮上分享「四道人生」向父母道謝、道歉、道愛與道別。

事實上，雖然香港法例訂定只要經過醫生驗證其死亡原因屬末期情況或於兩星期內有醫生探訪並上門簽訂死亡證，便可以跨越驗屍程序，但一般市民都不能負擔或不清楚該程序和所需的費用。所以，在香港的在家離世通常是在沒有預料的意外情況下發生，而家人通過緊急電話報告死亡後，警察會上門與家人核查死亡原因，而很多的情況是警察會當成一宗案件處理，並詢問家人為何不送病人到醫院治療，令家人在剛失去一個親人的時候不但感到難堪，還覺得愧疚甚至不孝。於是，很多臨終病人的家屬都會偏向把病人送往醫院離世，避開這些因法律及執行上帶來的不便。這不但未必能夠滿足病人的意願，也加劇了醫院的負擔。

以上種種的情況均說明了公眾生死教育的重要性。雖然「在家離世」對很多人來說還是一個忌諱，但當我們再反觀普遍人口的意願時，很有趣地，我們從一個訪問了1,067位三十歲或以上香港人的電話調查發現，高達31.2%的受訪者其實希望他們可以在家離世[3]。換句話說，「在家離世」的理想與現實的距離在香港相當大。而當我們把尊重病人意願作為晚期護理的前提時，我們更應該致力令「在家離世」可以成為更多有這意願的人的一項可行選擇。

搶救不一定對病人好

另一方面，我們還可以從搶救這議題來看到生死教育的重要。當有傷病者瀕臨死亡，醫生往往會問家屬是否需要搶救。但由於一般市民不清楚知道「搶救」的具體內容及其對病人能夠帶來的影響，在缺乏認知的情況下，十居其九都會答應。但事實上，因為很多危急的病人均為長者，而正因為他們年齡的原故，在他

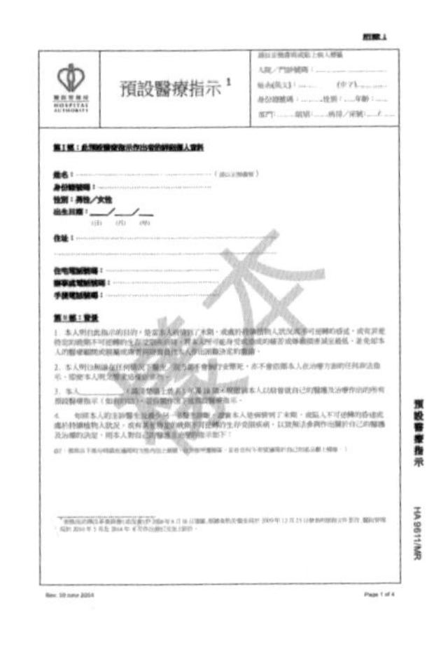
預設醫療指示[1]

HOSPITAL AUTHORITY

樣本

Rev. 18 June 2014

Page 1 of 4

網上可下載醫管局的「預設醫療指示」樣本及【「預設照顧計劃」「預設醫療指示」？不作「心肺復甦術」？病人、家屬知多些！】。

們身上進行心外壓時很常會壓斷胸骨，即使能勉強維持他們的生命，他們日後可能連呼吸都會感到無比痛楚。相反，有些人雖然出於不想父母辛苦而決定不搶救，卻擔心自己好像判了家人死刑，眼白白看着家人離世，令自己愧疚一生。這些都是合理的擔憂，但問題是搶救又是否等同於盡了孝道？搶救又是否對傷病者是必然最好的選擇呢？孝道又能否體現於減輕家人的痛苦呢？而究竟病人自己的意願又是什麼呢？這些都是生死教育可以幫助我們思考的問題，甚至亦可以透過與家人提早討論這些問題來更了解家人的意願。

預設醫療指示的推廣需要生死教育的配合

晚期護理的另一個最多人談論的議題就是預設醫療指示。預設醫療指示是指給予病人預早在自己精神健全的時候，以書面形式指明自己一旦因陷於末期病患、持續植物人狀態、不可逆轉的長期昏迷狀態或其他晚期不可逆轉的生存受限疾病等情況，對自己希望或不希望接受醫療的一項陳述。在普通法的框架下，香港現時有醫管局訂立的預設醫療指示範本，但尚未被正式立法。在我們的研究當中，我們發現雖然預設醫療指示的動機是尊重病人的意願，但對此的教育及宣傳力道卻嚴重不足，導致很多誤解及問題。例如，很多個案是病人想查詢有關預設醫療指示的資料時，未能找到可以對他們詳細講解預設醫療指示的醫護人員或社工，雖然醫管局已向醫護人員制定明確的指引；也有很多病人擔心簽了預設醫療指示會否令醫護人員減少對他們的治療資源；亦有較年輕的非病人在對於末期病患、持續植物人狀態、不可逆轉的長期昏迷狀態或其他晚期不可逆轉的生存受限疾病等不多理解的情況下，希望可以訂立預設醫療指示。而最重要的是，這些問

鍾一諾在二〇一七年監護委員會會議中分享有關香港涉及晚期護理的法例問題。

題是不能光靠立法來解決，而是需要一方面向有關醫護人員提供這方面的專業培訓，另一方面向公眾提供適切的教育。然而，對於向公眾傳達什麼樣的訊息一直都是眾多以發展國家對於預設醫療指示的關注點。例如，美國一間專門關注預設醫療指示名為Gundersen Health System的非牟利組織就認為，為所有未來的事作出預設指示其實是不適當，甚至是危險的，因為人其實很難預料未來會發生的事的實際情況[4]。Gundersen Health System 建議身體無恙的大眾在兩個情況下，方需要訂立預設醫療指示：

一、委任一名授權人為你本人在陷於末期病患、持續植物人狀態、不可逆轉的長期昏迷狀態或其他晚期不可逆轉的生存受限疾病等情況之時，作出醫療上的決定（但香港的《持久授權書條例》暫時未能觸及醫療護理方面的決定）；

二、限於在神經系統受到嚴重及永久損傷的情況下拒絕維生治療的預設指示。所以，我個人的主張是推動認識及了解預設醫療指示的公眾教育，而不是推動公眾集體訂立預設醫療指示。

社區與政策的配合

最後，以公共衛生角度出發，我相信推動晚期護理是需要由下而上和由上而下雙方面的互相配合。由下而上方面，我期盼有更多社區自發的生死教育推廣活動。「無言老師」計劃是一個對生死教育推廣非常好的實例，因為它除了是一個幫助醫學生發展手術技術的遺體捐贈計劃之外，更重要的是它包含了提升醫學生及公眾對死亡的了解與死者的尊重的生死教育。除此之外，我亦與「無言老師」推手伍桂麟先生定期在D100電台主持生死教育節目《生命21克》，好讓聽眾從不同的渠道獲得有關生死的知識。而由上而下方面，除了現時的老人和扶貧措施，我亦期望在不久將來政府可以制定包含晚期護理的長期病護理政策。只有社區與政策的互相配合才可以令晚期護理得以向前邁進，令香港人可以更有尊嚴的走完人生最後一程。

鍾一諾（右二）與伍桂麟（左二）主持D100電台節目《生命21克》推廣生死教育。

鍾一諾教授在中文大學教授生命倫理課。

與畢業學生合照。圖中為與鍾一諾合作研究晚期護理政策的楊永強教授。

參考文獻

1 Economist Intelligence Unit. The 2015 Quality of Death Index Ranking palliative care across the world. London: Economist Intelligence Unit, 2015.

2 Woo J, Lo RSK, Lee J, et al. Improving end-of-life care for non-cancer patients in hospitals: description of a continuous quality improvement initiative. Journal of Nursing and Healthcare of Chronic Illness 2009;1(3):237-44.

3 Chung RY, Wong EL, Kiang N, Chau PY, Lau JYC, Wong SY, Yeoh EK, Woo JW. Knowledge, Attitudes, and Preferences of Advance Decisions, End-of-Life Care, and Place of Care and Death in Hong Kong. A Population-Based Telephone Survey of 1067 Adults. J Am Med Dir Assoc. 2017 Apr 1;18(4):367.e19-367.e27.

4 Gundersen Health System. Respecting Choices. http://www.gundersenhealth.org/respecting-choices/ [Accessed on June 1, 2018]

攝於墨西哥，認識他們亡靈之日的傳統。

他者的臉容與死亡

龔立人博士
香港中文大學文化與宗教研究學系副教授
香港中文大學崇基學院神學院優質生命教育中心主任

臨終者的臉容

臨終者的臉容以一種「絕對的他者」向我們出現，不只是因為每一個人都是他者，更因為一位曾可以行走自如和照顧他人和自己的人如今卻臥在牀上，一位曾思想靈巧的人如今卻陷於思想混亂。列維納斯（Emmanuel Levinas）說：

「（死亡）就是存在者的表情達意運動之消失，而這些運動曾使他們呈現為活靈活現的人。這些運動一直都是對外在的回應。死亡的致命一擊，首先就落在這些運動的表情作用之上，以致覆蓋了一個人的臉容。死亡就是不再回應。」[1]

臨終者的臉容帶我們進入一個屬於我們，但卻陌生的死亡。屬於我們，因為死與生是不可分割；陌生，因為我們對死從沒有實存的認識。「死」屬於死者，但在臨終者的臉容上，死亡卻與我們有近距離接觸。這種近距離接觸使我們感到不安，不但因為我們沒有能力可以阻擋死亡的來臨，更因為我們不想認識它。這是為何列維納斯描述死亡為「例外」（ex'ception），即一種異乎尋常的關係，也是一種不能接受的關係。

雖然死亡是「例外」，但臨終者的臉容卻沒有因此而被完全遺忘，因為他向我們發出呼召。意即，當看見一位臨終者的臉容時，我們不能不被他觸動。我們可以假裝聽不見他、看不見他，但這假裝本身已是一個回應了。一張沒有笑的臉容、一張消瘦的臉容向我們說話。流淚、沉思、無言等成為我們可能對這呼召的回應。只有回應，我們才體驗自己的人性，並成為人。此刻，死亡的陌生透過臨

龔立人博士與陳新安教授分享生死觀。

終者的臉容與我們連繫了。同樣，我們對臨終者的陌生也透過他的臉容與我們連繫。死亡是一份奧秘，因為死亡沒有完全中斷關係，反而建立新關係。

他者的臉容不是以言語來溝通，而是表情。這臉容不一定充滿歡樂，反而可以以痛苦的表情向我們呼召。原來，奧秘是從反諷的生命中體會出來，即陌生的死亡卻同時是熟悉的死亡；使關係中斷的死亡卻同時使關係連繫的死亡；遙遠的死亡卻同時是那麼近的死亡。

與臨終者臉容的相遇

基督徒對臨終者的臉容並不陌生，因為每年的受苦節，我們憶起耶穌基督受害和死亡的臉容。又在每月一次（或每星期一次）的聖餐，我們被提醒臨終者的臉容。

在十字架上，耶穌以「我渴了」（約翰福音十九28）反映他的臉容。對一個被釘在十字架上數小時的人來說，口渴是他當下最真實的感覺，也是在死亡邊緣下，身體很自然的反應。他不會覺得飢餓，只覺得口渴。事實上，有能力說出自己口渴的人已很難得，因為很多人在痛苦的處境下差不多已昏睡了。「我渴了」是一個無助者的呼喊，他所要的，不是說話，更不是解釋，而是一點的水。

「我渴了」帶我們進入一個傷痛的世界。雖然耶穌沒有指明向誰說「我渴了」，但我們不能假裝聽不到他的聲音，因為我們的人性被呼召了。事實上，沒

若說身體屬於泥土，生命則屬於海洋。海洋是生命之源，也是生命所歸。

有對象的「我渴了」更觸動我們的心靈。在二〇〇三年的「沙士」期間，一位懷孕的母親因感染而要剖腹生產只有二十多周的孩子。報道說這母親的肺功能已有八成損壞。作丈夫的只可隔着玻璃望着她的太太，作母親的卻要與剛出世的孩子分離。這情景使我們眾人流淚。這素未謀面的母親成為我們最親切的姊妹，這位傷痛欲絕的丈夫成為我們最想擁抱的弟兄，這位延續母親生命的孩子成為我們最愛的孩子。

有家人沒有機會向自己心愛的人說聲道別，在隔離下孤單地離世了。我們禁不住淚水，也沒有能力祈禱。在他們的傷痛中，我們感受到生命與生命的結連，昔日人與人的陌生與距離在患難中不再存在了。「我渴了」不是一個道德要求，而是一個赤裸裸生命的展現。我們被喚醒，因為苦難者的傷痛也成為我們的傷痛。其實，類似事件在其他災難地區也常常出現。

給口渴的人一點水並不一定可以改變他的命運，但不能就此任由他可以沒有被擁抱下獨自受苦。苦難可以令生活變得無奈，卻不可能將世界變得無情。「我渴了」就是要喚醒人心，絕不讓痛苦者無聲無色地溜走。送一顆橙、寫一張慰問字條、摺一顆願望星不會使臨終者神奇地康復，但這些行動就是不讓受痛苦的人被遺忘。我們聽到你們喊着「我渴了」，我們也要幫助沒有力量呼喊「我渴了」的人喊出來。

耶穌的「我渴了」帶我們進入他者的苦難中，也帶我們進入自己生命的深處。其實，耶穌的「我渴了」何嘗又不是我們的「我渴了」呢！工作的壓力、親

在神聖空間下，時間不再以時序時間出現。生與死不再以對立相遇，而是以融合團契。

人關係的疏離與緊張、對生活的失望與恐懼、病患纏身多年等，使我們臉容失去歡笑。誰可以給我水喝？

按聖經說，耶穌的「我渴了」是要應驗詩篇六十九21。那麼，請繼續讀詩篇六十九32-36：

「尋求上主的人，願你們的心甦醒。因為耶和華聽了窮乏人，不藐視被囚的人。願天和地、海洋和其中一切的動物都讚美祂。因為上主要拯救錫安，建造猶大的城邑。祂的民要在那裏居住，得以為業。祂僕人的後裔要承受為業。愛祂名的人，也要住在其中。」

那說「我渴了」的痛苦者不會是獨自呻吟，因為上主對他者的臉容不會沒有回應，不會不施行拯救。事實上，存在是因對他者的臉容而來。上主也離不開這生命本源。死亡與生命是不可分，但死亡不因此就等於生命的完成或終極，不但因為這不是我們的經驗，更因為上主使死了的耶穌復活了。在上主裏，死只有居間意義（interim），沒有終極意義。使死了耶穌復活的上主也會以此回應所有亡者的命運。

1　E.Levinas, God, Death and Time (Stanford: Stanford University Press, 2000).

李衍蒨在Facebook有自己的專頁「the bone room 存骨房」。

大體解剖的農場

李衍蒨
法醫人類學家
東帝汶警察部顧問

你有沒有記得你第一次看到沒有骨頭的手臂？我記得！

從中大人類學碩士畢業後，二十四歲的我在美國的殮房實習。有一天，一位死於非命的女士被送到解剖枱。這名女士沒有太多表面傷痕，卻唯獨雙臂有着長長的縫合口。我好奇之下問旁邊的殮房工作人員，他說這位女士是器官捐贈者，在死後一天之內把捐贈的骨頭摘走，並且已經在送進來之前做了這個程序，以保持骨頭「新鮮」。

我當下不知道要怎麼反應，原因有二：第一，捐贈的骨頭用了「新鮮」來形容；第二，這肯定是我第一次看到沒有骨頭的肢體。看上去跟平常沒有太大差別，但當工作人員因為清潔遺體而舉高手臂時，我真的難掩詫異的表情！按照工作人員後來補充在摘走了骨頭後，醫生會把布或毛巾放到原本骨頭的位置才縫合，這樣手臂不會因為沒有骨頭支撐而塌下來，家屬亦相對沒那麼難受。

器官捐贈，甚至遺體捐贈可能較多人聽過，但骨頭捐贈則比較少機會接觸。骨頭捐贈算是組織捐贈（tissue donation）的一種，跟軟組織（如：器官捐贈）不同的是骨頭捐贈免卻了血液配對等工序。一般器官捐贈的病人很多是因為腦幹死亡，在移植時會以維生機器短暫延續器官的「生命」。器官捐贈需要極大的耐性，無論是等候適合器官的病人，還是做這類手術的醫生。相反，骨骼移植跟上述提及的個案相類近，多半以四肢骨頭最為廣泛。骨頭從捐贈者身上摘下會存在一個泛稱為「骨骼銀行」（bone bank）的大冰箱裏，裏面的骨頭可以放上二十年之久。而由於捐贈者的骨裏已經沒有活組織，只剩下骨頭的架構，所以

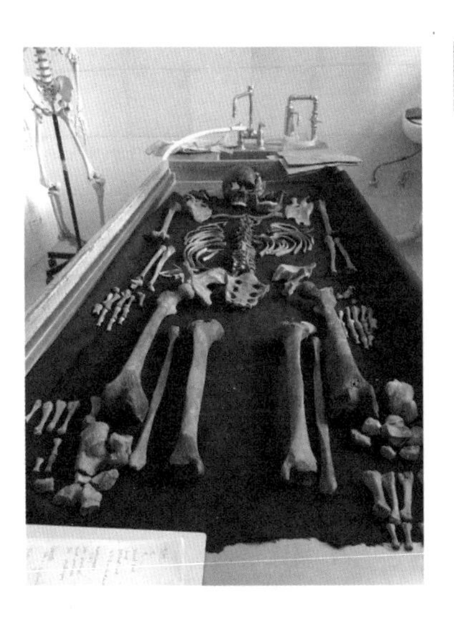

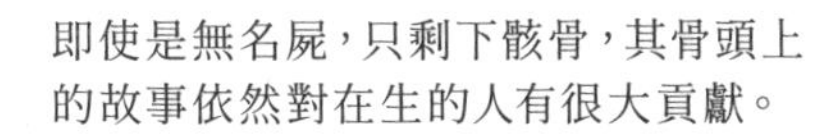

即使是無名屍，只剩下骸骨，其骨頭上的故事依然對在生的人有很大貢獻。

排斥問題幾乎等於不存在。理論就如以金屬人工關節代替因創傷或病理的關節，只是尋求代替品的架構以作支撐用途。美國的器官捐贈組織Musculoskeletal Transplant Foundation指出，大部分的骨頭捐贈者都很年輕，他們多半因意外或突發性疾病（如心臟病或中風）而過世。在審查捐贈者的資料時，會審查捐贈者的病歷及一般社交歷史，進行過任何可導致傳染性疾病的高危活動的死者，都會自動從骨頭捐贈名單中剔除。此外，任何捐贈者的歷史對骨頭長遠的健康有影響的，亦會被拒絕捐贈。

隨着科學不斷進步，過去四百年對於遺體的運用也日新月異。回看十六世紀，醫學還只是用來簡單了解人體到底如何運作。在文藝復興時期的知名人體解剖學家Andreas Vesalius出現之前，所有對人體的理解及醫學文獻都建基於古希臘的外科醫生Galen，他透過解剖動物如猴子及狗隻，誤解了所有跟人體結構有關的理論，包括血液循環的方向、各重要器官的位置等。大約一千年後，Andreas Vesalius的出現，才開始扭轉整個人體解剖研究方向。

在一八三二年以前，使用被處決死囚的遺體是唯一一個合法途徑獲取遺體作解剖用途。但是，供應量永遠不能追上需求，所以有人看中商機，偷屍這個行業就開始於黑市崛起。偷屍賊他們都只會看準剛下葬、「新鮮」的屍體才去偷。把屍體偷到手後，就經過醫學院的後門交易。在十八世紀的英國倫敦，偷屍賊他們都被冠上一個稱號——「Resurrection Men」（中譯：復活人）。

到十八、十九世紀初，醫學院開始為學生提供正確的手術訓練及研究。工業

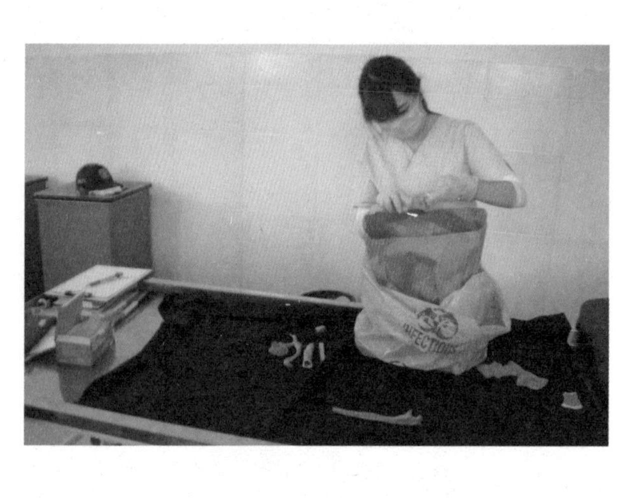

法醫人類學家處理屍骨時非常小心翼翼。

革命時期的倫敦，傳染病肆虐，在缺乏抗生素的情況下，死亡率急劇攀升。對當時的倫敦人來說，死亡正代表機會！英國倫敦考古博物館（Museum of London Archaeology）於二〇一三年在一個墳場發掘了二百六十二具遺體，而其中的三分之一都是不完整的遺體，甚至在一個棺木裏有多個重複的屍骸部位，證明是來自多名死者。經過生物考古學家及法醫人類學家細心研究後，發現這些不同的部位都有着標準的切割模式及有不同類型的刀痕。他們推斷這些遺體應該曾分成三份，分給不同學生學習人體構造及練習解剖，成為醫學院用遺體學習的證據！不過，由於教學上對遺體的需求急劇增加，在供應缺乏的情況下，「盜墓者」偷屍後以極高的價錢賣給醫學院牟利。甚至為此特地去殺人！兩位來自十九世紀蘇格蘭的商人，一共殺了十六人，並把他們的遺體賣給當地一位教授。這行業確是違法，卻很少會被檢控。由於之後陸續開始有捐贈遺體這種無私奉獻，令這十八、十九世紀發展的「偷屍行業」成絕響。

法醫人類學中的一個研究設施，不停被外界質疑其存在的必要性——人體農場。名副其實，它是一個放滿了人類遺體的「農場」，說明白點，它是一個放滿了由家屬同意及捐出已逝家人遺體的「農場」。除了以家屬捐贈的形式之外，「農場」裏的遺體也可以是來自醫院或殮房無人認領的遺體。這個人體「農場」就是研究中心裏面的一片空地，把屍體放在室外或預先設定的外在環境條件下研究其腐化過程、速度及變化（decomposition processes）。「人體農場」聽起來很恐怖，但卻有必要存在。有關遺體腐化的研究，除了在「人體農場」外，很多時候亦用豬來做研究，因為只有豬的體內有跟人體最接近的細菌環境及毛髮密度，幾乎沒有其他動物可以做到相關的研究。

《屍骨的餘音》讀書會。

遺體腐化速度會按照四周的環境因素而有所不同，比方說：天氣是熱還是冷？是潮濕還是乾燥？是大風還是下雨？有太陽直接照射？……由於腐化速度多變，研究其受影響的誘因可以幫助執法人員儘快斷定死者的死亡時間（postmortem interval）——從死者死亡一刻到遺體被發現一刻的時間。在美國就有數個這樣的「人體農場」為警方或執法人員提供有關研究資料，其中最著名的一個位於田納西州（Tennessee），由田納西大學諾克斯維爾分校（University of Tennessee at Knoxville）的 Dr. William Brass 創立。每年都吸引不少學生到這研究中心學習。最近，南半球唯一一個「人體農場」於澳洲悉尼「投入服務」，為澳洲的有關研究出一分力。

人體農場能夠存在，也是因為有遺體捐贈計劃給院校用作教學及科學用途。坦白說，對於遺體捐贈的恐懼有一部分是從我們現代社會及文化中衍生的。比方說，藏族的天葬，必須把先人於天葬台（Tower of Silence）「肢解」才可以進行天葬儀式。外人對於這種處理方法都很難接受，覺得特別噁心。從歷史角度來理解，傳統的死亡儀式大都跟宗教有關。另外，一般人都傾向按照父母或先輩的方式去處理家人遺體。然而，種種人為原因逐漸破壞了傳統，特別是死後的儀式、死亡的禁忌，例如士兵因戰死沙場，無奈死於異鄉；古埃及貴族及祭司會把器官放進罐子裏；維京戰士會葬於船內。現在香港及華人地區，因為土地問題，大多都沒有選擇，只能夠把遺體防腐，然後火葬。如富有一點的可以選擇土葬。這些雖然是我們這一代的文化，卻不是我們行動背後的原因。

死亡已經不是我們認知那麼遙遠

縱然醫療體系日益進步，卻永遠無法告訴病人如何把他們治好，只能盡量延長壽命。醫治的過程可能很痛苦，但也會以延長壽命為目標，認為多活一天就好。但依我看，來到人生最後的階段，重點應該放於了解人死後會發生在身體上的事。因為這個原因，無言老師變得非常重要。不少捐贈者都是本着「情願學生在我身上動錯刀，總比在將來的病人身上下錯刀好」的宗旨來為醫學教育出一分力。同樣的，科研人員必須要以尊重捐贈遺體的死者及其家屬為研究大前提。捐贈遺體作研究、醫學、移植什麼用途也好，都是無私奉獻。法醫人類學家因此都很感謝每一位為研究而奉獻自己遺體的先人。

透過思考關於遺體捐贈能讓當事人坦然思考及面對自己的死亡，逼着去面對這個結局，無論是自身的，還是摯愛的。人，在死神面前都是平等的。中世紀時，「死亡之舞」（Dance of the Dead）曾經為藝術界中的話題。各類畫作都有腐屍帶着微笑來人世間把自己大限已到的家人接走，同時亦把各類人如祭司、國王、平民等拉進來跳舞。這些影像都在提醒觀眾們一個訊息：人，終須一別。無論是來自哪一個文化，對死亡都有一定程度的忌諱，我們要的就是跟上死神的節奏；學會死亡可以發生於瞬間，了解心跳及呼吸停止後會發生的事，爭分奪秒透過科學及醫學把人道精神傳承下去。

骨骸可以記錄認為死者生前的生活習慣、慢性疾病、創傷痕迹等，令研究者及學生們可以透過這些線索了解前人的生活及習性。

參考資料

Andreas Vesalius. (n.d.) In Encyclopedia Online. Retrieved from: http://www.encyclopedia.com/people/medicine/medicine-biographies/andreas-vesalius

Derbyshire, D. (2015, March 10). Why people leave their bodies to medical research- and what happens. The Guardian. Retrieved from: https://www.theguardian.com/science/2015/mar/10/body-medical-research-donate-death-science-brain

The Economist. (2015, January 03). Cold Comfort Farm. Retrieved from: http://www.economist.com/news/science-and-technology/21637342-not-all-bodies-left-science-end-up-medical-schools-cold-comfort-farm

Foxstar Production. (2002). Secrets of the body farm. National Geographic. Los Angeles, CA: Fox Televisions Studio.

Leake, C. (2010, January 09). Bodies' exhibition accused of putting executed Chinese prisoners on show. Daily Mail. Retrieved from: http://www.dailymail.co.uk/news/article-1241931/Bodies-Revealed-exhibition-accused-putting-executed-Chinese-prisoners-show.html

Mainwaring, M. (2015, April 02). The Naked Skeleton: Some Notes on the Danse Macabre. The Brooklyn Rail. Retrieved from: http://www.brooklynrail.org/2015/04/dance/the-naked-skeleton-some-notes-on-the-danse-macabre

Musculoskeletal Transplant Foundation (n.d.) October 22, 2016. Retrieved from: https://www.mtf.org/donor_faq.html

Pinheiro, J.E. 2006. Decay Process of a Cadaver. In A. Schmitt, E. Cunha, & J. Pinheiro, (Eds.), Forensic anthropology and medicine: Complementary sciences from recovery to cause of death. Totowa, NJ: Humana Press.

Ravilious, K. (2013, April 08). A forgotten graveyard, the dawn of modern medicine, and the hard life in 19th- century London. Haunt of the Resurrection Men, 89-1305. Retrieved from: http://www.archaeology.org/issues/89-1305/features/737-royal-london-hospital-burials

Sang, K. (2016, July 18). Sky Burial and Tibetan Funeral Customs. [Blog] Retrieved from: http://www.tibettravel.org/tibetan-local-customs/tibetan-funeral.html

Stromberg, J. (2015, March 13). The science of human decay: Inside the world's largest body farm. The Vox.com. Retrieved from: http://www.vox.com/2014/10/28/7078151/body-farm-texas-freeman-ranch-decay

Sutton, C. (2015, February 16). Inside the Bone Room: The hidden collection of human remains in Australia's busiest morgue still baffling police after decades…including three boxes from the forest where Ivan Milat murdered seven backpackers. Daily Mail Australia. Retrieved from: http://www.dailymail.co.uk/news/article-2955033/Inside-Australia-s-busiest-morgue-lies-Bone-Room-oldest-collection-human-remains-forensic-police-scour-clues-including-three-boxes-Belanglo-Forest-Ivan-Milat-murdered-seven-backpackers.html

Tinoco Mesquita, Evandro & Souza Junior, Celso & Reigado Ferreira, Thiago. (2015). Andreas Vesalius 500 years - A Renaissance that revolutionized cardiovascular knowledge. Revista Brasileira de Cirurgia Cardiovascular. 30. 10.5935/1678-9741.20150024.

李衍蒨（2016年5月12日）。「人體農場」：聽屍體說話。立場新聞，取自：https://thestandnews.com/cosmos/%E4%BA%BA%E9%AB%94%E8%BE%B2%E5%A0%B4-%E8%81%BD%E5%B1%8D%E9%AB%94%E8%AA%AA%E8%A9%B1/

物件、儀式與「死物習作」

李欣琪博士
「啟民創社」創辦人
「社創設計室」計劃總監

「好死」（Good Death），可以指合宜的善終服務及帶着尊重與敬意對待逝者。然而，我們這群研究者有別於致力推動「好死」的醫護人員或社會服務專家，而是以設計作為方法及思考模式，探索前所未見的社區實踐，提出及提倡的另一種說法：「死得好」（Fine Dying）。

禮儀師Caitlin Doughty走遍世界角落，在新書《From Here to Eternity》[1]介紹不同文化背景的人如何關顧臨終者，並把種種面對死亡的新方式定義為「好死」，雖然這個說法很有趣，可是我們仍然選擇使用「死得好」的說法。Fine Dining是指「多數在貴價餐廳進行的餐飲模式，餐廳以正式的方式、特別優質的食物奉客」，並且額外付出心力關顧食客的需要；而我們口中的「死得好」，或曰「死物習作」，在於我們面對有關死亡的每項細節，能夠付出多少關顧的心力。這是持續不斷的過程，讓市民共同探索在我們面對死亡，還有什麼意想不到的可能性。

死得好的「死物」

最近出現了很多有關死亡的新想法，例如綠色殯葬、遺體堆肥以及開發致哀新空間等等，然而，死亡仍是一個禁忌的題目，既定的社會價值導致很多新想法無法實行。

為了提供更多「死得好」的經驗選項，我們相信需要採取更加全面的方式，突破禁忌。在設計研究的範疇裏，「設計物件」不純粹是指製作一件物件，而是

紙撒灰器「信別」介紹。

視設計項目為結合人類用家與工藝品，構成在社會與物質世界裏的合體，正如團體A.Telier在《Design Things》[2]一書以嶄新角度討論設計的思考方式和實踐，鋪陳了如何結合創意設計與用家參與，實踐美學和民主，體現箇中價值。

我們首個「死物習作」項目在二〇一三年展開，聚焦於在生者面對逝者的過渡。項目以「設計您粒石」作結，我們向臨終者徵詢了設計「死鑽」的意向，他們會跟在生的親友一同設計首飾，之後當逝者的骨灰化為合成晶石，製成的「死鑽」飾物便會送到在生的人手上，就是一種面對死亡的過渡。

我們創作了一系列充滿思辨空間的物件，紀錄香港市民怎樣看待這項新科技——「以晶石形式保存深愛的人」，舉個例子：一位四十多歲的男士接受了母親將會化為晶石永遠陪伴他，但是他不希望觸碰到化為晶石的「她」，於是設計師Pascal Anson把他的憂慮轉化為「The Light」，設計靈感來自燭台，可以把深愛的人化成的晶石置放於封閉的燈管裏，當你想念逝者時，連上電源即可，Anson解釋道：「一堪德拉的光度（每平方米一勒克斯）通過（骨灰製成的）寶石透射，輕柔地點亮房間，稀微光度僅僅足夠讓人沉思、懷念，如果你想的話還可以祈禱。」[3]這項貼心的設計為用家帶來面對死亡的過渡，更重要的是能夠連結逝者與在生者的世界。

無形與有形的儀式

另外，好些傳統仍然為我們提供了迎向逝者的機會：日本有撿骨儀式

（kotsuage），讓哀悼者利用筷子把逝者火葬後遺下的骨頭碎片撿入骨灰甕，印尼偏遠地區的村民會把逝者製成木乃伊，為遺體穿上衣服及餵食，甚至睡在遺體旁邊等等。（Doughty, 2017）

還有一種傳統是中國人燃燒金銀衣紙的習慣，我們相信逝者在陰間有着跟在陽間類近的需要，種類繁多的衣紙物件應運而生，讓在生者選購並在喪禮、祖先誕辰及重要節日裏燒掉，期望逝去的親人能夠在死後世界過得舒適。事實上，燃燒金銀衣紙的舉動帶有過渡的象徵意義，是連結在生者與逝者的儀式。燒衣紙傳統代代相傳，象徵意義深遠，通過燃燒的獻祭，實體地呈現了將陽間的財富與物質通向死後世界，這種傳統亦反映了中國人着重孝道與尊敬祖輩的價值。

「死物習作」[4]項目的第二個版本於二〇一七年推出，把過渡的概念從創造物件轉移到儀式上，目標要從根本轉化殯葬空間和制度。首個提出改革的單位為香港中文大學醫學院「無言老師」遺體捐贈計劃，負責人陳新安教授和計劃經理伍桂麟先生每年均為五十多個家庭的先人舉行撒灰儀式，明白家屬實際及心理需要，他們希望儀式更能幫助親友悼念亡者，使撒灰儀式得以完滿。而解決方法是由Milk Design設計的花園安葬用即棄撒灰器，命名為「信別」，這是經過香港二百位年輕人與一百位長者協力創作的成果，他們表達了在香港「死得好」的各種期望。我們集中揀選了有關花園安葬的想法，這亦是香港政府提倡的其中一種綠色殯葬模式。

「信別」的革新不單作為新型個人專屬器具，它亦是一件紙製品，契合了中國人燃燒金銀衣紙向祖輩表達敬意的傳統。「信別」連結活着的世界與逝去的人，並提供了空間和時間，讓人好好想念生命中深愛的人。我們的整體目標是讓市民能夠設計自己的儀式，盡量配合個人需要去設計器具，因此「信別」的設計由白色信紙與信封組成，撒灰器能夠帶着市民預先寫下的訊息，化為一縷告別的輕煙。

「死物習作」也是一次「長幼共融」的體驗。

「死物習作」實驗項目展覽。

多位學生參與「死物習作」的實驗。

不同類型的新式撒灰器。

「信別」的革新不單作為新型個人專屬器具，它亦是一件紙製品，契合了中國人燃燒金銀衣紙向祖輩表達敬意的傳統。

模擬撒灰體驗。

參考資料

1 https://www.theguardian.com/books/2018/jan/21/with-the-end-in-mind-kathryn-mannix-from-here-to-eternity-caitlin-doughty-book-review

2 https://mitpress.mit.edu/books/design-things

3 HKDI DESIS Lab (2016) 'Open Design in Action: Design Debates & Projects for our Open Society', ISBN: 978-988-13962-3-5

4 https://static1.squarespace.com/static/598ac2d9f14aa124338b30fd/t/5a65a6c5419202c75ae33398/1516611283209/Enable+Press_jan2018_SIDLab_finedying01.pdf

園藝治療與無言老師家屬

羅廸
園藝治療師，註冊社工
園藝治療專業發展協會創辦人及董事

"Is death the last sleep? No, it's the final awakening." ——Sir Walter Scott [1]

說到死亡，有人會批評與其談死亡，倒不如談如何生更有意義。但對死亡的洞察，Walter Scott這位十八世紀末蘇格蘭的著名歷史小說家及詩人，卻有非常深刻而準確的詮釋。我們對死亡的覺醒，一般會體現於生前的種種活着的方式，如何尋找充實的人生，如何探索生命並活出自己。原來死亡的覺醒亦可體現於死後為其他人帶來的悟，所謂「最終的覺醒」(final awakening)。

「無言老師」就是由逝世者敲響在世者最終覺醒的鐘。靈魂雖離別了，可是死後的肉身卻帶來無窮的智慧。醫學院的學生在過程中除了得到有關解剖、人體標本教學，以及手術、救護和醫學研究的知識外，面對遺體、面對家屬和日後的病人，還能漸次了悟許多學校教育從沒提過的生命真相。醫學生作為覺醒的第一身受惠者(primary beneficiary)，領悟和學習會因人而異，程度不一。「無言老師」的家屬親友亦會成為第二身受惠者(secondary beneficiary)，開啟了一道以往屬於禁忌的門。家屬親友對於生死的價值觀，對於舊有的迷信和執著，對捐獻器官都能有重新理解和定義。「無言老師」帶來的最終覺醒是別具意義的，賦與「生」豐富的價值。那麼，不談死，只談生也是枉然。

園藝治療與生死教育

我們相信大自然具有天然的治癒能力，認為植物是人本工作的有效介入媒

親友可在石上寫上給先人的說話。

體，尤其在生死教育的課題上，園藝治療是一種非常適合的輔助性治療，因為植物有一種獨特而不可取代的特性。相對其他媒體來說，植物的生命週期較短，屬非威脅性（non-threatening），任何年齡性別人士都可接觸，加上沒有技術要求，十分適合作為比喻和探討生死的媒介。園藝治療師透過評估，設計、實施及檢討的過程，整理適合服務使用者的介入方案，從而達到醫療復健、治療、教育和提升福祉的目標。園藝治療不單是在安寧服務、長者服務、復康服務上有顯著的效用，對於幼兒服務、心理健康、戒癮服務和在囚人士服務，都有很優異的果效，主要是因為園藝治療能夠協助服務對象建立正面價值觀，提升心理衛生質素。過去，曾經有一名患上抑鬱的自殺者家屬，接受園藝治療服務時巧遇九號風球。她極度擔憂植物會被雷雨蹂躪至死，風球除下翌日便立即走到園藝治療花園照顧植物。看着經歷一場暴風雨而沒有倒下的小菜苗，她很興奮地跟園藝治療師說：「連它也沒有被雷暴打敗，我更加不可以被挫折打敗！」。這個了解生命與大自然的覺醒，就是園藝治療帶來的自然療癒力了！

建設治療性園藝花園：猶如無言老師任重道遠的任務

「園藝治療專業發展協會」作為香港園藝治療發展的推動者，除致力推廣和宣揚園藝治療、提供專業服務及培訓工作外，亦會提供建設園藝治療花園的顧問服務。協會得到中文大學醫學院的邀請擔任義務顧問，為遺體捐贈計劃「無言老師」之醫學院大樓外的園藝閣提供優化計劃，從沒有治療元素的園藝閣，建設成具治療性的景觀。縱然我們的團隊具有建設園藝治療花園的經驗，但是這次的任務特別艱巨，因為在極度欠缺資源和時間的處境下，我們需要更大的智慧去解決各種困難，從而完成構建一個治療性園藝花園的任務。

我們盼望優化計劃能夠提供一個治療性園藝環境，協助親屬和友人療癒悲傷心情，所以在考量如何設計時，首要條件是必須符合無障礙（barrier free）元素，無障礙友善環境讓行動不便者也可以使用。相比原來的園藝閣，我們的設計重心是增加景觀的層次感，提升視覺刺激，也讓不同身高體型人士都可以接觸得到。另外，提供不同質感植物以提升觸感刺激。又加入多元化的植物、香草及乾花，加強嗅覺和視覺的刺激。

在植物選用方面，考慮到香港潮濕高溫的天氣，亦了解到場地的日照情況，我們必需揀選容易栽植，成活率高的植物，而且因應「無言老師」計劃的獨特意義，我們揀取所有植物的花語都蘊含特別意思，賦予計劃更深層意義。於是，我們揀選了天使花為其中一個主花，它可耐熱、耐濕，全年開花，以春、夏、秋季最為盛開。開花時散發淡淡清香，柔美可愛。其花語是「天使的純真，堅定，美好的記憶」。另外，我們選用幾種不同顏色的花，包括梔子花，花語的解釋為永恆的愛，一生守候和喜悅。只要光照充足且通風良好的環境就可以種了。在很多國家裏，茉莉花代表對來客的尊重，也表示忠貞、尊敬、清純、貞潔、質樸、玲瓏、迷人。我們也選用天堂鳥，這種花具較強的抗旱能力，其花語是「自由、吉祥、幸福快樂」，也有長壽的含義。多年生常綠藤本——龍吐珠的花甚美麗，其花語是珍貴純潔、將我們心中的情感和思念全部帶到天堂，是一種對於思念和情感的一種寄託。彩葉草生性強健，葉片擁有獨特的顏色而多變、色彩豐富，相較於要栽培到開花，才能賞花的觀花植物而言，更具有相對的優勢。

軀體今作輕塵去，滋潤大地萬物來

無言老師的精神與很多園藝治療的個案一樣感動人心，也藉著這些感動去教曉我們對生活、生存與生命的理解，提醒我們活著的福分。部分參加「無言老師計劃」的「老師」，骨灰會由家人撒在將軍澳華人永遠紀念墳場內的「無言老師」撒灰花園專區。這是「老師」孕育大地的貢獻，「老師」化作植物和樹木永遠存在了。雖然「老師」的奉獻成就了很有意義的事，然而，心情悲傷與不捨是正常的，當親屬和友人進出醫學院的這個花園，花園會發揮一個提供親屬和友人抒發悲傷心情的機會，他們可以取一塊石頭，寫上思念的字句，放回花園，成為花園的一部分。為提高這片小土地的隱私度，我們用稍高的植物作圍籬，提供親屬和友人平靜情緒的平台，當人們坐下來時也可以寧靜地享受植物帶來的和諧和愉悅。

「園藝治療專業發展協會」盼望透過協助建設治療性的園藝花園，表達我們對「無言老師」敬重之心和無限謝意外，也能夠慰藉在世者的心靈，讓他們得到安寧，使他們在大自然中從新得力。

無言老師送別閣設有悼念先人的藝術品。

1 Sir Walter Scott (1833). "The Complete Works of Sir Walter Scott: With a Biography, and His LastAdditions and Illustrations"

沈祖堯教授墨寶裝裱在無言老師送別閣門外。

無言老師送別閣設有悼念先人的裝飾和花槽。

李卓敏基本醫學大樓外的無言老師送別閣。

反思生死·毋忘所愛

范寧醫生
外科專科醫生
「毋忘愛」主席
香港中文大學醫學院榮譽臨牀助理教授

每個醫科生在第一年的課堂，都曾經在逝去者的身上有所學習。面對冰冷遺體時，我們帶着驚恐；進行切割時，我們帶着迷茫。刺鼻的氣味有沒有刺激到我們思索何謂「醫道」？不是每個同學都會發現，逝去者原來是我們的老師。死亡在我的行醫生涯裏從來沒有缺席，它出現在我生命中的不同階段，成了我的老師，帶領我進入「生前死後」的反思之中。

差不多三十年前，我剛剛步進大學，對成為醫生沒有太大的期待，還是一臉渾渾噩噩。正值九月，炎炎夏日，課室裏少有地嗅不到同學的臭汗味，反而充斥着濃烈的哥羅芳氣味。二十多具遺體陳列在我們面前，被白布輕輕蓋着。這一年，我才二十歲，戰戰兢兢地拿起手術刀，第一次剖開一個身軀。每組同學和被分配給我們的遺體，足足共同進退了一整個學年，可是，我和面前躺着的陌生人，沒有因為這一年的朝夕相對而變得熟絡。我認識了他的身體結構，把每一個內臟都細看了一遍。我對他的了解可以形容為入心、入骨，但我知道他的名字嗎？我知道他的生平事迹嗎？這些我都不清楚。不得不承認，我對他的生命一無所知。作為一個醫科生，我們對人體有了深入認識，是否已經足夠了？這一年的課對我來說，沒什麼震撼的感受，我只知道對待生命要審慎。此刻的我，對生命還是沒有太多想法。

踏入實習階段，我經歷了三次在死亡邊緣的搏鬥。第一次為垂死者插喉搶救，把他從死神手中拉回來，我嚐到了拯救生命的滿足感；第二次進行急救，我也同樣成功了。就在我以為急救沒有想像中那麼困難，為着自己的成功而沾沾自喜之際，拯救生命的機會又再出現。

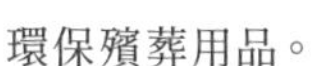

環保殯葬用品。

九四年七月的一個凌晨，我要為一名四十多歲的男子進行急救。寧靜的病房立刻進入緊張狀態，我和其他醫護人員為他插氣喉，進行心肺復甦，對他的心臟進行電擊。五分鐘過去，十五分鐘過去，三十分鐘過去，我致電給上司，上司平靜地跟我說：「放手吧。」我始終不肯放手。

過不多時，男子的家人來到病房，見他最後一面。得知噩耗的太太表現鎮定，抱着嬰孩來到丈夫面前。她沒有哭泣，哭泣的那個是我。我像打敗仗的士兵，無力地站在背後。我沒法言語，眼淚已忍不住湧出。我帶着自責與遺憾，無奈地接受生命的終結。

死亡成了一記重拳，把二十來歲的我擊倒。在醫院的場景中，我們看死亡是一個失敗個案。醫生的工作是醫「生」，將病人從死亡中拯救過來。那時的我，無法接受這個失敗，也覺得愧對了病人與家屬。簽發了死亡證後，我為病人和家屬可以做的就告一段落。雖然此事距今已有二十四年，但每當我再述說這事時，淚水還是會湧上心頭。

醫療強調成效與進步，不願接受失敗，但死亡是每個人都要面對的課題，醫生也需要了解死亡，才能了解生命。死亡看似與醫生的工作無關，但我看着一個個生命走到終點時，我感到還有些東西是我應該去做的。二十四年前，那個站在死者太太身後的我，還未懂得踏前一步。

醫學的服務對象是「人」，對生命抱有尊重是核心價值。病人能生活得快

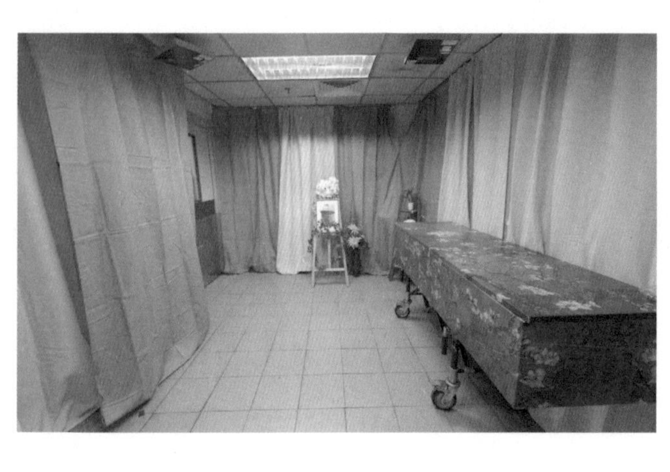

在醫院小禮堂設置
環保殯葬服務。

樂，醫學能進步、創新才有意思。無奈醫院的場景只能反映局部的世界，我渴望走進真實的世界裏，親身去感受和體會。我因此選擇成為無國界醫生。在異地搏鬥的日子裏，一個個關於拯救生命的迷思仍縈繞在我腦中。我會問：我真的把生命拯救過來嗎？一個病人雖然得到醫治，但他步出病房後，卻踏回地獄。他們回到戰爭、禍患之中，生命與生活質素仍舊得不到保障。過不多時，他再次成為病人，再次來到我的面前。我反思到，若期望一個人得到真正的解脫，將他帶離痛苦的循環之中，才是真正的拯救。

在受到破壞的環境裏，先鋒草是最先出現的植物。它的生長速度快，擴散力強。我相信一個醫生可以不只是進出於醫院，更可以帶着這個身分走進社區，改善制度不完善的地方。就像先鋒草一樣，在生病了的世界，頑強而謙卑地發動一些改變。在我參與跟「生前」有關的服務同時，我也開始留意起「死後」的生境。病人離世，醫生除了為他簽署一張死亡證之外，還可以做什麼？這一個問題又再一次出現。

醫療可以給予的支援終結了，但生命未到終結。既然醫生的工作是關顧生命，我是不是也要推開「死後」的大門？我伴着病患者走到生命的最後一刻，隱約看見有微弱的光從門縫間滲透，吸引我踏前多走一步。在病患者離世後，我還是可以關顧他的家人，了解他們的疑惑。作為醫生，我們是第一個接觸家屬的人，家屬的情緒如何調節、疏理？他們要如何告別逝者、如何收拾心情？這些看似跟醫生無關的事，不也是關顧生命的工作嗎？帶着這些思考，我慢慢找到先鋒草種子可以降落的位置了。

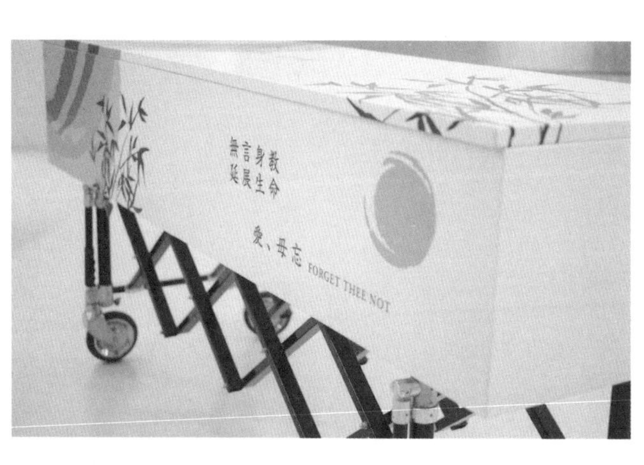

無言老師專用紙棺。

就在二〇一四年，我踏進了「死後」的領域。我和同伴成立了非牟利機構「毋忘愛」，推動生命自主安排，個性化及環保的殯儀服務。香港人在「生前」很重視自己的選擇，但走到臨終階段，以至辦理身後事，大多數人都未有好好作出預備和選擇。人生的最後階段，值得安然離開，讓逝者和在生者不會為此留下遺憾。

在喪禮中，常常提到福蔭後人的概念。環保喪禮就是要為下一代締造好環境，將這概念實踐出來。喪禮中有很多東西都是一次性消耗品，我們堅持使用再造紙棺，並減少不必要的浪費，例如使用可循環再用的吉儀袋等等。

我們也嘗試改變公式化的喪禮，提出個性化的生命頌禮。前來生命頌禮的親友可以對逝者的生命予以肯定，並作最後致敬。記得在一次服務中，有一家人要送別母親。當大家回想母親的生平時，只道母親是一個平平無奇的普通人，但一提到母親煮的紅豆沙，頓時氣氛一轉，大家都回味不已。這家人最後決定在喪禮中製作母親生前做過的甜品，將懷念與哀傷轉化成甜味，留在每一個親友的心頭。

每一個人都值得擁有「好生」、「好死」。「毋忘愛」也在推動預設醫療指示、在家死亡等等選擇。在每個「生前死後」的範疇中，都應該抱有對生命的尊重。回到我所走過的場景，在解剖室中、在醫院中、在喪禮中，我們能更了解每一個生命的重量嗎？讓逝者不再被看成是一件教學工具；病人不再被看作是一個病例個案；喪禮不再是一個公式，而是能連結生命，讓人發現每一個人都是獨一無二的生命頌禮。

想不到走了這麼多路途以後，我已一步一步走近離世者和他們身邊的人。二十四年前，那個站在家屬背後哭泣，面對死亡的打擊而措手不及的青年，今天已屆中年。我終於走前了一步，站在家屬的身旁。生命彷彿是一部鋪排了起承轉合的電影，曾經面對過的遺憾與思考，一點一滴在塑造今天的我。二十四年前，在那個生命終結的晚上，那些無法抑制的淚水，那份面對家屬的無力感，默默把我引領到今天的工作。

終有一天，我在世間的使命會完成，但我相信，生命力不會止息。「毋忘愛」仍會在推動生死議題上發展，我有份參與過的服務，有心人還會延續下去。也許，還會有這樣的一天……在夏蟬鳴叫的季節，大學校園又迎來新一班懵懂少年。我靜靜躺在充斥哥羅芳氣味的課室，等待年青醫科生推門走進來。過了一會，我感受到有無數對眼睛注視着我。在生死之間，我們第一次連結起來。在他們拿起手術刀之前，他們認識了我的生命，了解過我的故事。也許，他們像數十年前的我一樣，仍是渾渾噩噩，但這刻，他們對生命隱隱約約多了一點感受。我的生命力已在不知不覺間，悄悄滲進他們的人生，靜待一個歡欣的時刻，或是一個悲傷的時刻，盛載起更多人的生命。

以新科技製造的專利環保物料製成，並通過嚴謹的國際級安全和環保測試，結構堅固度媲美木製棺材，每個承重達五百五十磅的環保紙棺。

無言感激每位中大的無言老師。

我從「站起來」的傷員中看生死

羅尚尉醫生
骨科專科醫生
香港中文大學矯型外科及創傷學系名譽臨牀副教授
「站起來」發起人

二〇〇八至二〇一八年，我加入了「站起來」的團隊。「站起來」是一家慈善機構（香港慈善機構檔案號碼：91/9803），成立於二〇〇八年汶川地震後，於「五一二」地震後十四天隨即北上做第一次康復診治服務。一直以來，「站起來」從不間斷地服務傷員，從初期的每月一次，到後期的每三個月一次，致力於為地震傷員提供全面的康復服務，以骨科康復實踐人道主義。

「站起來」服務的傷員，每位都會於鬼門關口徘徊，當中更有不少傷員親眼目擊親人好友當場死亡或慢慢步向死亡的過程，他們都可說是曾見證生死。這班小伙子的生死歷程，並不是一般人可以經歷的。

這十年裏，我從「站起來」的傷員身上得到不少生死教育。

我是一位骨科醫生，從醫學角度上，生與死是由科學去鑑定，中間絕不含糊，亦絕無灰色地帶。但從哲學角度思考生死，情況可能會有所不同。「生」與「死」是本質上全然不同的兩個概念。其實我們從出生開始，便知道我們都不免一死這事實，「人一出世，便是等死」，那為何人類從古至今，都被這個必然的結果纏繞，並產生莫名奇妙的恐懼？我們何以對死亡有本能的抗拒？

從本質上來說，我們對死亡的恐懼可以說是對自我毀滅的恐懼。求生的欲望是一切欲望的核心和焦點。除了恐懼，我們亦會對死亡產生悲痛，尤其是當至親離世，很多人都會感到痛不欲生，對離世的人帶有留戀和不捨的情緒。

中國國家隊乒乓球殘疾運動員——王睿。

以「站起來」服務的傷員作例子，面對突如其來的地震，傷員不但於等待救援時顯得心力交瘁，失去肢體的痛也是長時期的痛，更莫說曾親眼看着同窗摯友離開人世。即使當時的他們大部分都非常年幼或年輕，這份心痛仍使他們久久都不能忘懷。

王睿是我的生死教育老師，她在二〇〇八年汶川地震中失去了一條腿，現在是中國國家隊乒乓球殘疾運動員，王睿於《十年如一：汶川地震十周年回顧》中說到，對逝世同學感到非常的不捨，曾有一段長時間晚上都會夢到朋友們，心裏非常失落難受。她更趁自己尚有記憶，記錄了當時對各同學的感覺、他們的名字、他們的座位等等。她害怕有一天會逐漸遺忘這些點滴，害怕有一天他們會從她心裏消失，然後從這世上徹底消失。

那麼人在死後，是否真的就從這世界徹底消失？這裏提及的是指人死後——即肉體消逝後，是否靈魂也跟隨一起消失呢？

人有靈魂，而這裏提到的「靈魂」，只是哲學上的術語，沒有宗教色彩。「靈魂」在這裏是指人不只有肉體，亦不只是一團血肉與骨頭構成的物質。除了肉體，人還有一個重要部分，這部分是非物質性的、無形的，我們一般都通俗地稱之為心智或靈性部分，這就是靈魂。既然肉體與靈魂於本質上並不同，那麼肉體的消逝是否意味着靈魂也隨之而消失呢？這是一個，人類有歷史以來，已經有很多人在討論的醫學、科學、哲學問題。

代國宏走上體育路，成為全國游泳賽冠軍。

可是，從四川傷員的經歷中，可以肯定的說，人在肉體回歸塵土後，雖然我們並未能確定「靈魂」是否也跟隨消失，但死者的意志，必然可以傳承下去，影響在世的人。

我的另一位生死教育老師——代國宏，他於《十年如一：汶川地震十周年回顧》中提到，他在地震發生後被困於北川中學的課室中等待救援，同桌於去世前跟他說：「你在出去後，在完成自己的夢想後，記得要幫我們做一些有意義和有價值的事情。」結果他在大難不死後，縱然失去雙腳，日後都要靠輪椅代步，他仍勇敢接受自己失去雙腳的事實，並且是完完全全的接受。他先走上體育路，成為全國游泳賽冠軍，亦在二〇一四年打破了全國游泳紀錄。退役後，他接觸體驗式生命教育，將這類體驗帶給不同的學校和企業。從二〇一七年開始，他更努力去尋找及接觸汶川地震死難者的親友，以過來人的身分，鼓勵他們，打開他們的心結。代國宏緊記同桌臨終時的叮嚀，一直以繼承同桌意志的心情去做「有意義、有價值」的事情。

一向認為不一定要是名人或偉人才能做「有意義、有價值」的事情。代國宏做的是一個方式，成為「無言老師」捐贈遺體亦可以是另一個方式。香港中文大學的「無言老師」遺體捐贈計劃是一個以無私、利他為出發點，將寶貴的意志轉化為醫科學生學習機會，提升醫療知識及技術，造福人群的善行。

他們用自已的身體教導醫科學生解剖學上的知識；他們為訓練更多未來優秀的外科醫生而獻出身體，令他們知道下一次可能就在真人身上動刀，無論發生什

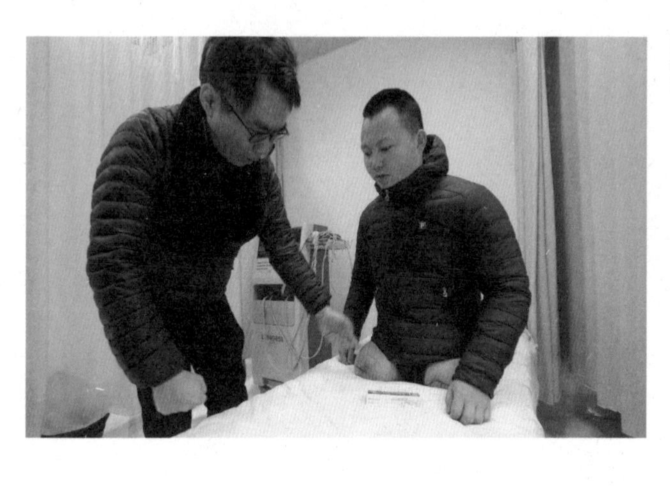

代國宏是我的病人，也是我的生死教育老師。

麼錯誤，在無言老師身上的都要是最後一次；他們為科研獻出身體，手術的植入物做科研時，他們都不介意做「白老鼠」，身先是卒，好讓植入物放在真人體時是安全。無言老師不發一言，對我們的醫科學生及醫生循循善誘。

王睿曾提及她讀到的一句話：「有的人活着，他已經死了；有的人死了，他仍活着」。「無言老師」便是那些死了，仍活着的人。

他們的意志跨過生死界限，以死後捐贈肉體的方式延續對在世的人的愛及關懷；「無言老師」的家屬則勇敢地尊重親人遺願，繼承他們的意志，無私地接受親人於逝世後「身教」學生，令世人開拓更美好的未來。在此，我謹代表醫學界的各位，向所有「無言老師」及其家屬作出最真摯的敬禮以及最由衷的感謝，謝謝你們讓我們見證世間的真、善、美。

（本文鳴謝唐正馨提供哲學意見）

代國宏努力完成自己的夢想。

王睿完全不像在汶川地震中失去了一條腿。

羅尚尉醫生送給無言老師的漫畫手稿。

參考文獻

《令人着迷的生與死：耶魯大學最受歡迎的哲學課》，雪萊・卡根著，陳信宏譯。台北：先覺出版，2017年。

《十年如一：汶川地震十週年回顧》，陳啓明教授，羅尚尉醫生編委顧問。香港：天地出版，2018年。

School of Biomedical Science, The Chinese University of Hong Kong http://www.sbs.cuhk.edu.hk/bd/

遺體捐贈與生死教育發展的雙贏關係

梁梓敦
註冊社工
聖公會聖匠堂長者地區中心安寧服務部高級服務經理
美國死亡教育及輔導學會認可死亡學院士

香港一直以來有不少人認為死亡是社會上的禁忌，以致有關死亡的服務或活動都不會獲得廣泛支持，尤其是遺體捐贈與中國傳統文化中的「全屍」概念相違背，按照常理推斷應該不會有太多人願意參加，但本港有不同的調查和研究發現，無論在器官捐贈或遺體捐贈的意向上，均有一半以上港人表達支持。作者便曾於二〇一三年初到台灣慈濟大學參觀「大體老師」計劃，回港後寫了一篇文章「參觀台灣慈濟大學『大體老師』出殯儀式後之感想，並比較台灣與香港遺體捐贈計劃之發展」。文中大致表示台灣的計劃之所以成功當中很大原因是宗教因素，而香港兩間大學都並非有任何宗教背景，因此認為遺體捐贈計劃應該不會成功。

後來事實反映作者預測錯誤，自從香港中文大學由二〇一〇年開始推出「無言老師」計劃，並透過不同傳媒的廣泛報道後，中文大學醫學院所收到的遺體數字由二〇〇九年的嚴重不足，以致差點連解剖課程亦開辦不到的困境，至今變為非常充裕，並且有超過一萬五千人已經登記表示願意死後捐出遺體。既然香港的遺體捐贈計劃沒有任何宗教元素，究竟是什麼原因導致其成功？此文章會先簡述香港生死教育的發展歷史，並嘗試以此角度去探討與遺體捐贈計劃互相之間的關係。

香港生死教育的發展歷史

「生死教育」一詞是上世紀九十年代初由美國回流台灣的傅偉勳教授在台灣率先提出，傅教授曾在外國接受教育並在美國大學教導「死亡教育」多年。當他回到台灣後，有感歐美國家已發展接近四十年的「死亡教育」太過着重死亡，可能跟中國人忌諱死亡的傳統觀念有所衝突，同時他認為「生」與「死」是不能

在老人院舉辦殯儀講座及展覽。

分割的一體兩面，因此他刻意在死亡教育中加入大量「生」的元素，例如透過死亡強調活在當下和珍惜生命等訊息，藉此提高中國人對死亡的接受程度。直到現在，台灣仍然是全世界華人社會中生死教育發展最蓬勃的地方，當中包括有大量本土學術研究、書籍出版，以及不同年齡的正規教育課程。

本港生死教育發展的第一階段

至於香港，現時雖然未有全面探討本港生死教育發展歷史的學術研究，但透過不同社會服務機構的背景資料仍然可以大致歸納出兩個階段。第一階段由一九七〇年代末期至一九九〇年代末期，此階段可以算是香港生死教育的醞釀期。早在生死教育發展之前，為臨終病人提供的寧養服務在一九七〇年代晚期開始發展，而當時的服務主要分為兩大類。第一類是透過醫護人員在醫院內提供寧養照顧服務，例如聖母醫院就是香港最早推行善終服務的公立醫院。另外一類則是透過具備寧養照顧知識的人士，在社區裏為臨終病人及其家屬提供寧養和哀傷輔導服務，善寧會及贐明會就是在這段時期相繼成立，並集中在醫院範圍外提供以上服務的社會服務機構。直至一九九〇年代末期，縱使寧養服務在香港已擁有十多年發展歷史，但卻仍然未曾有團體舉辦以「生死教育」為題的活動，以致「生死教育」一詞對社會大眾來說仍然非常陌生。

本港生死教育發展的第二階段

第二階段則是由二〇〇〇年開始直到現在，生死教育在此階段的發展可以算

以大型舞台劇推廣生死教育。

是百花齊放，並且在社會上逐漸普及。二〇〇〇年十二月，贐明會舉辦了「青少年生死教育研討會」，根據作者找尋得到的資料，這可能是全港第一個以「生死教育」作為主題的大型活動。之後贐明會在二〇〇一年開辦了為期兩年的「青少年生死教育計劃」。二〇〇三年，善寧會開展以長者為對象的生死教育服務「慶賀人生每一天」。二〇〇四年，聖雅各福群會和聖公會聖匠堂長者地區中心，分別開辦「後顧無憂規劃服務」以及「護慰天使」服務，這兩個計劃同樣以長者生死教育為重點，尤其是「後顧無憂」服務更成功透過傳媒將生前規劃此概念帶給社會大眾，並成為日後不少社會服務機構發展相關服務時的參考。

二〇〇六年，可以算是本地生死教育發展的第一個高峰，因為香港大學行為健康教研中心開展為期三年半的「美善生命計劃」。整個計劃的目的是培訓本港提供醫療和輔導服務的前線專業人士，例如醫生、護士、社工和心理學家，認識生死教育、臨終關懷及哀傷輔導等知識。此計劃在服務期間共培訓了二千多名專業人員，並透過他們向超過七萬名社會大眾提供服務。同年十二月，生死教育學會正式成立，並在之後每年於公共圖書館舉辦社區生死教育講座，而每次都能夠吸引數以百計人士參與。在二〇〇七年之後，開辦長者生死教育服務成為了一股熱潮，以致很多相關服務計劃紛紛創立，例如東華三院的「圓滿人生」服務、救世軍的「心安您得」服務、明愛的「寧安服務」、以及聖公會聖匠堂「完美終站」服務等。可是，長者以外的生死教育服務則相對被忽略，例如以青少年為對象的就只有東華三院的「生命部落」、聖雅各福群會的「方舟生命教育館」及長者安居協會的「生命．歷情」體驗館較為著名。

中大醫學院內的標本導修室設有生死教育書閣，供同學借閱。

直到二〇一三年，本地著名作者陳曉蕾在二〇一三及二〇一六年分別撰寫了書籍《死在香港》和《香港好走》，而《死在香港》更是全港第一本全面探討本地死亡議題及服務的書籍。及後，社區大型生死教育活動相繼出現，當中聖雅各福群會在二〇一四年舉辦了生死教育博覽、聖公會聖匠堂在二〇一五年舉辦了DEAtHFEST死亡節，以及東華三院在二〇一七年舉辦的「存為愛——生死博覽」都是參與人數接近一萬人的大型活動。這些工作都成功令更多不同年齡的社會大眾關注及討論有關死亡的議題。

香港生死教育發展對遺體捐贈計劃帶來的影響

根據上文所述，由二〇〇三年開始至二〇一〇年，即「無言老師」開辦前的這段期間，香港生死教育服務大多以長者為主，大量的生死教育活動不單逐漸協助長者降低對死亡的忌諱，同時亦提升他們對死亡的接受程度。香港大學於二〇〇七年的研究就曾經指出，就老、中、青三個年齡群組來說，長者對死亡的接受程度最高，同時對死亡的恐懼程度最低。由上述研究結果可以推斷由於長者已經過多年生死教育的浸淫，因此當他們在二〇一〇年知道有無言老師計劃後，普遍都沒有出現預期的抗拒，相反有很多長者對此計劃感興趣，以致現時登記參與遺體捐贈計劃的人以長者佔多數。當中一些參加計劃的長者甚至願意向公眾分享他們的想法，從而吸引到傳媒的關注。

遺體捐贈計劃對香港生死教育發展帶來的影響

遺體捐贈計劃對生死教育帶來的影響普遍是正面的，其中一項最重要的影響是吸引了傳媒的焦點，從而令遺體捐贈計劃獲得大量報道，同時間讓社會大眾有更多機會接觸與生死教育有關的訊息。中文大學「無言老師」計劃因着其題材新鮮，由二〇一二年中至二〇一三年底這短短一年半間，已先後獲二十次傳媒報道，當中包括十二次報紙、兩次雜誌、一次社會服務機構刊物及一次大學刊物以文字報道，但更重要的是香港無線電視更為此計劃拍攝兩次新聞特輯及一集電視劇，直接令數十萬市民透過影像接觸此計劃及生死教育。

此計劃另一個影響是改變了傳媒對死亡題材的態度，從而促使其願意投放更多資源開拓相關工作。從前死亡普遍不是傳媒喜歡的題材，主因是擔心報道內容會引起大眾反感。香港的生死教育由二〇〇〇年開始至二〇一二年此十二年間，雖然間中都能夠吸引傳媒報道，例如聖雅各福群會舉辦的長者生死教育旅行團就曾經獲亞洲電視採訪，但確實從未出現像此計劃般能在短時間內獲得這麼多不同傳媒機構關注的情況。經過此密集式報道後，傳媒人士發覺社會大眾並沒有對這類以死亡為題的新聞出現反感，相反地大部分讀者都能接受。因此，由二〇一四年開始，愈來愈多以生死教育為題的報道在不同媒體中出現，例如《明報》由二〇一四年十月開始每月在副刊出版一整頁的專題故事；新城電台由二〇一四年九月開始每星期有兩小時生死教育節目；以及香港電台電視部在二〇一五年三月播出一連九集的節目《死神九問》等，此等工作必然會令更多人能夠接觸到生死教育。現時，差不多每個星期都會有有關生死教育的報道在不同報紙刊登。

總結來說，香港由二〇〇〇年開始的生死教育發展為之後的遺體捐贈計劃帶來了成功基礎，而遺體捐贈計劃的成功又促進了本地的生死教育向更遠更廣的方向前進，盼望未來的生死教育能夠百花齊放，遍地開花。

DEAtHFEST生死教育展覽。

DEAtHFEST生死教育展覽中的裝置藝術。

始於無言·終於無憂

李佩怡
註冊社工
聖雅各福群會「後顧無憂」規劃服務

「多謝你幫我上公屋，解決我一直以來的擔心。但我還有一件事仍然未能放下……我沒有結婚、也沒有子女，身邊一個親人都沒有，我擔心死後會成為遊魂野鬼……我真係冇用……死都唔安樂。」正因為這位伯伯與聖雅各福群會露宿者服務同事說的一席話，讓我們開始發現有一班長者，沒有結婚或沒有兒女，對於自己的身後事十分憂慮。加上當時中西區長者地區中心有一班年輕時隻身來港當「馬姐」或「苦力」的服務對象，他們因沒有家人在身邊，身後事也沒有人代為處理。

由「擔憂」轉化為「服務」

同事體會到當時服務的縫隙及長者的切身需要，經過多方面的咨詢及尋求法律意見，我們於二〇〇四年正式開展「後顧無憂」規劃服務，為香港孤寡無依及缺乏支援的長者預先計劃自己的身後事，並於他們逝世時，按照其意願代為履行殯葬事宜。

「後顧無憂」一直深信即使孤寡無依、經濟有困難的長者，也有「自己後事，自己話事」的權利，以貫徹人生的尊嚴，並讓長者減低晚年的憂慮。從我們的服務經驗中，常面對參加者的生死，他們有些更帶着遺憾離開，因而啟發我們更關注「生死教育」、「生前規劃」及「關係規劃」的重要性。雖然現今社會已較開放面對「生死」的議題，但要大家活在當下，珍惜眼前人，這條教育路仍是漫長的。

「後顧無憂」的服務介紹。

由「服務」轉化為「教育」

我們由二〇〇四年開始推行首個「生死教育」旅行團、多場的講座、每年一次的研討會、不同規模的展覽會、出版刊物，希望讓長者、專業人士及公眾人士以多角度、多體驗認識「生死」。多年來，我們關注不同的生死議題，包括：殯儀的發展、環保殯葬、平安三保、臨終照顧，遺體捐贈等。

早在十年前，「後顧無憂」的服務團隊已到台灣進行考察，認識當地的遺體捐贈計劃，負責人對先人的尊敬信念讓我們深受感動，並明白遺體捐贈對醫學教育及發展的重要性。回港後，我們致力推動遺體捐贈，於二〇一二年與香港中文大學醫學院「無言老師」遺體捐贈計劃合辦「後顧之年．無憂歲月——讓愛超越生死．成就醫學傳承」研討會，一起推動遺體捐贈理念。二〇一三年，我們向華人永遠墳場管理委員會建議，劃出將軍澳紀念牆與「無言老師」撒灰區予「無言老師」的捐贈者，以表揚捐贈者為社會作出的貢獻，及後二〇一三年五月花園正式啟用。二〇一四年五月，我們與華永會在柴灣青年廣場合辦「生前．身後」生死教育博覽，感謝「無言老師」遺體捐贈計劃應邀參與展出塑化器官，並派出防腐師伍桂麟先生，介紹他們的展品及計劃。除此之外，我們與「無言老師」一起推動媒體教育工作，邀請我們的會員接受訪問，讓更多人認識遺體捐贈精神。

由「無用」轉化成「付出」

經過遺體捐贈計劃多年的推動，社會上有愈來愈多人知悉及參加計劃，我們服務處現有接近八十名會員登記了遺體捐贈計劃，並於他們身故後，會按照他們的心願，把他們的遺體運送至大學當無言老師，把愛繼續存留人間。一位長者曾這樣與我們分享：「老實說，人死了只剩一個臭皮囊，沒有用了，倒不如捐出去，我最後心願就是好像太太一樣，死後捐去大學做無言老師，惠及醫科學生。」

對很多捐遺體的長者來說，即使他們覺得生前沒有什麼偉大的成就，捐贈遺體給予他們多一個選擇，讓他們覺得自己可以付出自己，回饋社會。

生前身後啟導行之義工訓練。

中大和聖雅各福群會合辦「醫社同行」，鼓勵醫科生及社工系學生一起去探望長者。

「後顧之年 無憂歲月」研討會。

「生前·身後」生死教育博覽中的人體標本展示。

市民對人體標本十分有興趣。

如欲了解更多「後顧無憂」規劃服務詳情，可瀏覽以下網頁：

「後顧無憂」Facebook
https://www.facebook.com/lifeanddeath

「後顧無憂」官方網站：
https://cc.sjs.org.hk/?route=services-detail&sid=19&lang=1

【訪問】

安辭在家·身後捐軀

黃志安
註冊社工
東華三院安辭服務計劃主任

很多人都會說「終需一死」等泛論，但卻不是很多人懂得面對死，東華三院安辭服務計劃主任黃志安感言：「我們無法阻止死亡，亦無法狂妄地說有方法可以克服死亡，但我深信總有事情可以在事前做好準備，最少可讓自己和家人的心裏好過一點。」

黃志安為負責新界東的安辭服務主任，所謂安辭服務就是為晚期病人及其家屬提供各項照顧和輔助，以提升他們的生活和心理質素，他們會從多方面着手：

一、協助病人制定治療方法，例如決定臨終時是否需要搶救？能否把醫療儀器搬到家中？協助病人與醫生溝通等；

二、上門到訪，包括非長者的探訪和專業的護理治理；

三、修復病人與家人間的關係；

四、安排身後事和遺體處理事宜，例如長者希望死後可以捐贈遺體等。

在訪問黃主任當天，他就剛出席完喪禮，他憶述這位離世的女士生前與母親關係出現很大的隔膜，即使自己患上了末期肺癌，也沒有告知母親，最後黃主任的團隊安排兩母女進行個別輔導，然後讓她們面對面溝通，母女兩人總算打開了心扉，聽說女士當晚終於睡了一個好覺，黃主任對此感到很安慰。

黃主任及他的團隊經常走訪不同地方宣傳安辭服務，其中也會向病者和老人家提及無言老師的計劃，曾經便有一位八十多歲的伯伯主動向他查詢有關的詳情：「他雖然年紀很大，但腦筋依然靈活，當他知道有朋友參加了無言老師計劃，他便

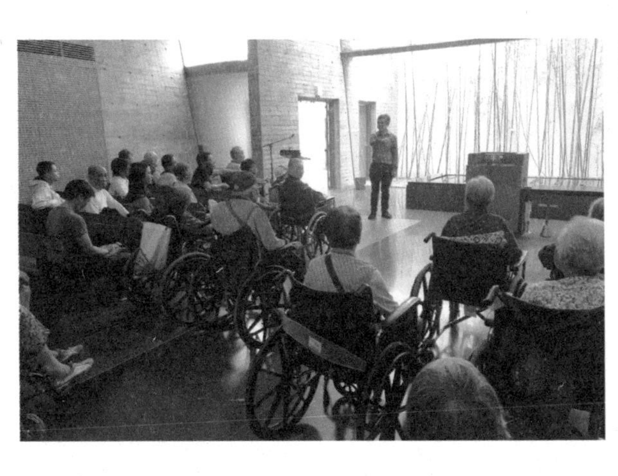

安辭服務團隊安排長者和家屬參觀殯葬設施，為死亡作出預備。

向我詢問資料，而他亦知道這個計劃可以幫到醫科學生，很有意義，亦覺得死後的身體沒有用處，不如捐贈出去，貢獻社會，他還不時催促我申請呢！」

長者的死亡觀念更開放

的確，為死亡作好準備，賦予死亡多一種意義是一個很好的面對死亡的方法，黃主任亦十分欣賞這位伯伯的奉獻精神，但這不代表替他填寫遺體捐贈意向書後，事情便告一段落，因為重點仍然在於家人的意向，黃主任說：「我們要在替伯伯申請前做好準備，這就是要跟伯伯的家人商議。很多案例和經驗都顯示，尋找重要家人，然後跟他／她了解和確認，可以避免日後親戚間意見不合的事情發生，亦可以讓捐贈的流程順暢地進行，讓當事人的心願付諸實行。事實上，家人提出的問題比伯伯還要多和仔細，例如他們會向我查詢遺體何時進行解剖？何時可以領回遺體？火化的流程是怎樣？需要多少錢……幸好中大在遺體捐贈流程方面都很貼心，而且安排十分完善，結果家人亦支持伯伯的意願，並順利替他申請成為無言老師。」當伯伯收到由中大寄出的遺體捐贈確認通知信後，總算放下了心頭大石，還不斷感激黃主任的幫忙。

其實，這個案例的難度對於黃主任來說可謂比較簡單，因為無論重病者或長者選擇哪一種處理身後事的方法，困難大多都不在當事人身上，而是其家人，不少案例顯示長者對死亡的觀念比後輩往往更開放。就以無言老師的計劃為例，即使當事人願意捐贈遺體，他／她的家人也會有很多避忌，事實證明，如果他們某些「觀念」愈強，反應便會愈大，例如覺得人死後要有全屍，或者不想讓遺體存

「無言老師」遺體捐贈計劃與東華三院的不同單位合作無間，從我們的衣著中便能看到大家多有默契！（左一為黃志安先生）

放太久（如做人體標本教學需要兩至三年後才會火化），感覺上死者不能因此安息，又或者火化前的程序拖延太久，令自己好像心事未了，因而覺得內疚，另外就是怕給別人看到整個遺體，「覺得醜」，這些觀念都會對捐贈遺體，甚至是其他類型的身後事安排造成障礙。

「我們會鼓勵病者和長者在做任何決定前，應該先和家人討論。當然，我們的角色只是事情的促進者，我們會盡力去游說，但並不擔保會成功，所以無論結果如何，也得去接受。」黃主任最後說道。

我想跟你說

「死亡是人生的一個重要關口，很多人都不知如何面對。當死亡臨近，其實我們都可以作出各方面的準備，令最後一程過得安寧一點之餘，也使人生更加無憾和圓滿，安安詳詳地辭世，這才面對死亡的不二之法。」

秋天是落葉的季節，代表快將凋零。但秋天卻同時有着最美麗、最令人回味的景色。
人生如秋天，就算生命快將終結，生命也可以過得燦爛又圓滿。

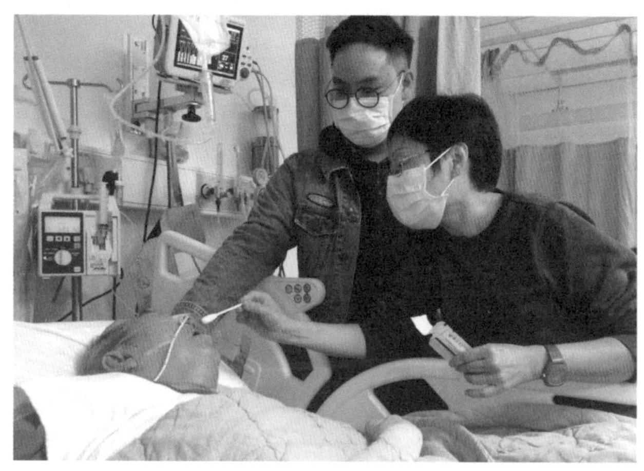

在病人的最後一程，安辭服務的團隊會細心地給予照顧，
讓他們最終能安詳地辭世。

Facebook 上的生死教育課

莫泳怡
Facebook專頁「生死教育」版主
「香港生死學協會」義務總監

「怕死」乃生存之道。相信人的基因早就種着「求生」的本能，如果人對死亡沒有恐懼，生存率肯定很低，缺乏危機意識的人，十條命也不夠用吧！然而，香港人卻有「得閒死，唔得閒病」的生存座右銘，香港人真的不怕死嗎？應該不是，我們只是忙得連對死亡留有少許思索的空間也沒有。我們現在的生活是內心所追求、所嚮往的嗎？到自己臨終回顧時，死亡帶來的恐懼會否是因着生命的遺憾，人與人的關係無法修保，抑或我們對身體的痛楚和生命流逝，已經無能為力，不能「自決」？

我們常戲言笑說「世事都被你看透了」，但香港人對「生死」仍未看透，有人仍會忌諱避談。當然也有人開放討論，但「生死教育」在香港的推廣還處於「革命尚未成功，同志仍需努力」的階段，有些地方雖然有進步，但同時間有些地方卻退步了。例如，現今社會所辦的殯儀儀式明顯偏向一切從簡，對為表孝心而「風光大葬」的要求明顯地降低了，某程度上是家人開始解開對離世者不捨或補償的心結，若獨立去看，這是一個進步。可是，另一方面，家人對長者臨終前的照顧好像大不如前，從前的香港，大部分長者都是在家安老，臨終前亦會在親人陪伴，安然地壽終正寢。然而，當我們的醫療水平愈來愈高，並將所有臨終病人集中在醫院處理，同時卻欠缺足夠的紓緩治療病房時，這代表臨終病人會在極擠迫及環境欠佳的病房度過僅有的餘生。醫療科技愈好，臨終病人反而得不到理想的對待，這真有點本末倒置。再看每位照顧末期病患者的家人，社會在資訊方面的支援，現時來說仍非常有限。

三年多前，有鑑「生死教育」資訊在香港的流量太低，而坊間機構進行有

緊貼每篇文章，可於「Liked （已讚好 追蹤中）」按鍵下「In Your News Feed（在動態消息）」欄中，將本專頁設為「See First（先查看 搶先看）」。

關教育的推廣大多以講座形式，未能令「生死教育」在香港普及化。我們就在Facebook社交平台建立「生死教育」專頁，以生活化作為主打特色，專頁上所刊登的內容會特別選取日常生活的生死教育資料，不會太過艱深或太專業，務求讓瀏覽者產生共鳴，讓網民能彼此留言分享，在忙碌中找到一些反思生命的空間，藉此啟發和凝聚不同的想像，「從死看生，活好當下」。現時，這專頁約有二萬八千人已讚好（Like），我們定時在每天早、午、晚三個時段發帖更新。我們並不期望讀者「一帖不漏」地看，而是希望他們可以培養出習慣，一點一滴去留意生死教育究竟是什麼一回事，再漸漸改變社會對有關議題根深柢固的文化看法。他們看畢文章後，再按「Share」鍵作分享，或應用在自己實際環境情況上，這已經很足夠。

另一方面，年輕人如何看生死也是我們關心的事，我們希望以另一套方法啟發他們「識死」，從而思考自己為何而活，因為人在不同的人生階段都需要自決，尋找自我和理想；年輕人也要面對很多的人生自決，選學科、選朋友、選拖友、選工作，甚至選擇人生失意時如何面對等等。我們希望年輕一代不要只盲目跟隨主流文化，從恐怖影片、鬼故、靈異接觸和一些高風險活動中感受死亡，享受那不實在的刺激感和不斷追求的獵奇心態，我們需要有心人在他們不同的專業和人生歷練下，給不同世代打破約定俗成的傳統觀念，而我相信大家在專頁內的交流和分享也能同樣做到這點，給新世代另一種「識死」的詮釋。

成年人也要「識死」，老年至臨終階段的人，什麼是「安樂死」，十居其九也不清楚，至於捐贈器官、捐贈遺體、立遺囑、安老照顧，預設醫療指示、預設

「香港生死學協會」在位於尖沙咀的「拉法醫治中心」設有【賣死書】專櫃，收集了過百本生死教育書籍供大眾選購。

臨終照顧計劃、持久授權書等，這一大堆聽起來似懂非懂，甚至可能聞所未聞的詞彙，究竟是什麼？滿以為自己可以「安安樂樂咁死」就算，其實，這些不是詞彙，而是能影響自己，甚至影響別人生命的決定，所以我們需要被教育，明白自己應有的合理權利之餘，在價值觀、自我實現、角色功能，社會責任上，都需要有更多渠道吸收有關資訊。

我們有見「生死教育」面書專頁已經發展成熟，成功凝聚了一批普羅大眾定期關注，讓他們在生活上或茶餘飯後也可以隨時吸收到有關知識。二〇一八年，我們繼續為推展工作注入新元素，於一月成立「香港生死學協會」，致力探究「『生』命教育、『老』年規劃、『病』者照顧、『死』後安排」四大議題，希望在二〇一九年建構一個大型生死教育資訊網站平台，以網絡資源共享及「貼地」的方式帶入社會，增強公眾認知與社區連繫，改變固有觀念，賦予大眾為自己在生、老、病、死的安排上擁有選擇及決定權。

香港生死學協會現在已邀請現已邀請不同領域的生死教育專家組成委員會和顧問團，將會定期提供有用的相關資訊。新平台更進一步，將有別於面書專頁單向的發放資訊方式，而是由使用者決定什麼資訊適合自己而主動去了解，亦能夠私訊管理員作特定查詢；同時，協會會配合跟不同學校及坊間組織舉辦活動，彼此互用宣傳資源，讓擴散效能更高，希望從而加快推動合適公眾的社會政策，讓香港人真正「從死看生，活好當下」。

有關「生死教育」專頁在一個月內的數據分析。

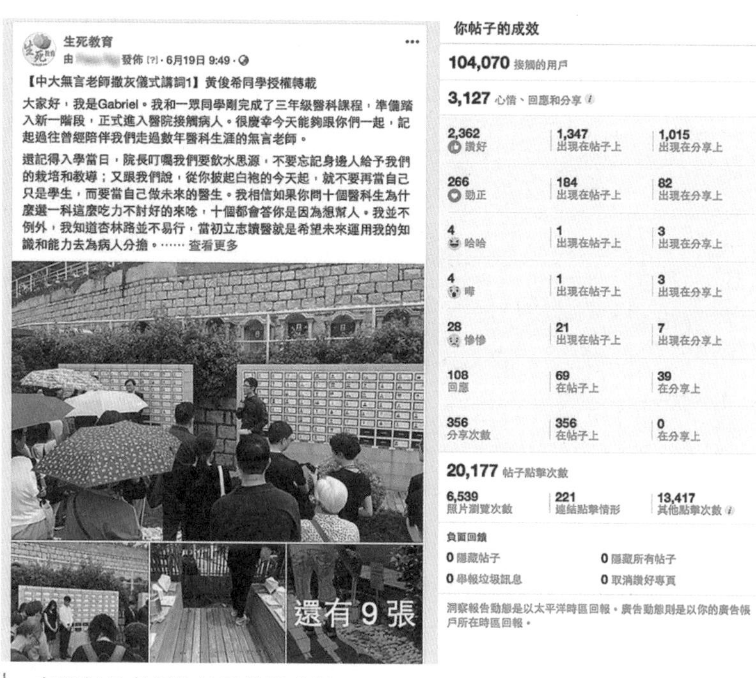

有關無言老師的帖子數據分析。

「從死看生‧活好當下」。

結語
從死看生‧活好當下

伍桂麟
英國註冊遺體防腐師
香港中文大學醫學院解剖實驗室經理
「香港生死學協會」創會會長

未知死‧焉知生

「死亡」是地上任何生命體無法逃離的結局。雖與大部分物種相比，人類的生命周期較長，但仍然終須一死。那麼人生在世努力生存的意義又是什麼呢？雖然死亡終將是所有人的共同經歷，但不論是自身還是別人的，都被一片焦慮、傷痛、恐懼、陌生感的陰霾籠罩。而當死亡本身已如此難以直視，古代聖賢卻一直以來都以「未知生，焉知死」的態度應對死亡，那麼生命的盡頭，是否真的「人死如燈滅」般完結？

有人認為死亡是人生所有事的終結，是一個沒有下文的句號。香港中文大學醫學院「無言老師」遺體捐贈者正正在他們人生終結後，把這個句號打破，讓他們的生命延續下去，教導醫學生學習解剖及認識人體結構。

死亡只是一個點，但生命卻是一條線，如何活好生命才是最重要。我們在這條生命線上走到某些時刻，總有反思「死亡」的機會，這點滴而得的智慧，豐富了我們生命的深度及幫助我們省察生命，尋找更重要的追求和價值，過一個有愛無悔的人生。或許，這便是現代人需要「未知死，焉知生」的一種內省和體會！

死亡有時‧生命無價

其實，回看西方醫學發展史，在文藝復興後出現的「醫學人體解剖秀」

	無人認領遺體	捐贈者遺體	捐贈登記
2010年	9	5	15
2011年	15	7	25
2012年	6	13	429
2013年	27	81	4,479
2014年	0	83	2,955
2015年	0	106	2,002
2016年	0	97	2,677
2017年	0	103	2,062

遺體供應及捐贈者數字。

大受歡迎，這種觀看屍體的欲望，也逐漸從「貴族消遣」擴及民眾，甚至形成潮流。現場解剖人體的畫面，吸引了大學教授、醫生、醫科學生、藝術家及民眾買票入場，成為兼具知性和娛樂的「真人秀」。從此屍體的需求量大增，於是盜墓偷屍體乘勢而起，引至後來坊間愈來愈多醫學院、醫生和解剖學家私下交易屍體。直至上世紀末期的法律體制下，才看到世界各地的醫學院從非法買賣及不法取得遺體，漸漸轉為合法使用無人認領遺體。但可惜到了現在，像「人體奧妙展」的商業展覽，以及世界各地的非法和非人道器官販賣仍然發生，所以尊重生命和了解人體之間，仍然是公民教育和生死教育的一部分。

我從中學開始到現在，當了十多年慈善團體的獨居長者義工，在多年探訪中明白本港獨居長者的悲慘境況。剛巧自己七年前來到中大解剖室工作時，遇到第一個困惑的難題，就是中大醫學院短短三十年歷史中，多年來也是依靠「無人認領遺體」於解剖教學之上，而這些遺體正正可能從獨居長者而來。或許，這就是上天給我的任務，在新的時代為這些「無聲者」尋回基本的人權和尊重，讓解剖教學回歸於「人道」之上，因為「醫學」的根本應該是「拯救」，而不是「奪取」。

正因為自身工作的經歷和體會，本人十分反對政府把器官捐贈法例從自願性登記捐贈模式，嘗試立法改為「預設默許機制」（Opt-out Organ Donation System）。意指任何人在生前沒提出反對捐出器官下，死後將被視為願意捐贈。就正如前段所言，因為「器官捐贈」的根本應該是出於

解剖室門外的「陪着你嘔」學生留言區，希望鼓勵同學面對身邊有情緒困擾者是學到「表現真誠、耐心聆聽、接納感受、避免批評、少提意見，陪伴同行」。

「大愛捐獻」，而不是立法「巧取移植」。而今天遺體捐贈在登記和身後捐獻的數字在這七年內大幅增加，也證明了對公眾的宣傳策略和生死教育上的改善，比起強行立法增加器官移植數字更值得支持。

同理・同情・同步

在日常工作中，不時與遺體捐贈登記者及家屬溝通聯絡。多年來，其實接過二三十個自殺者電話查詢，表示有意捐贈遺體。有人說自殺是將傷痛轉嫁別人，責備死者自私，但我認為，事實並非如此。他們覺得無希望，無人可幫到他，覺得「唔好留喺度獻世，唔好累人累物」，但他們希望自殺後捐遺體，其實心裏存有大愛。

如作家黃碧雲所言：「即使你聰明敏感的去理解，但你永遠無法承擔。」

開解自殺者本非解剖室經理的分內事，聆聽別人的痛苦耗時也耗心力，一個電話可能就佔用了一個上午或更多，但我覺得香港人有時太追求要「快、靚、正」，就連傾談都要「高CP值」，而我知道當下的職責不是為了遺體捐贈「跑數」，因為捐贈者的大愛，背後也是源於對生命的尊重，所以這個人是需要人性化的聆聽和交流，還要實踐自我對家庭和社會的最後價值。其實，我也知道自己無法理解對方所有，也不能令對方從此生活美滿，若當下的對談能令自殺者被滿足以上三點的話，自殺的念頭也可能會因一席話而暫時放下絕望，重新檢視生命再次出現的可能和希望。

此鐘的時針和分針雖停，就像人的生命停止了，但此鐘的鐘擺還繼續運行，也像人死捐軀仍不斷工作。啟發我創作此對聯：「靈魂回歸於零時零分，屍體來臨仍施教施恩。」

尊重・人性化・社會責任

我讀書時是修讀應用藝術和品牌設計的，所以為遺體捐贈計劃命名和建立形象是理所當然的事。「無言老師」是香港中文大學醫學院對遺體捐贈者的尊稱，而一個簡單的標誌，也嘗試帶有「尊重」、「人性化」和「社會責任」的理念。無言老師的名字意念源於遺體捐贈者對每位學生的「無言身教」。標誌中長方體的顏色代表無言老師那枯竭色的皮膚，中間留白位置寓意學生在遺體身上的每一刀痕，將來都會化作每位病人的光明道路。

其實學生今天如何對待他眼前的遺體，也是他日後面對病人和家屬時的寫照。我記得中大的一位同學會在心意卡寫了以下詩句：「不言之教，無言感激。生命有限，知識永存。一點一滴，銘記於心。無言老師，如何感激。」

可見「醫德高尚」、「仁心仁術」、「醫者父母心」的牌匾不應只是掛在醫生的診所，而是要藏於心內，活在身上。若醫生不尊重病人，不以同理心與病人溝通，那醫生不過是看病機器而已，醫術再精湛也只能成為「一代名醫」，但廣大香港市民真正需要的，卻是一眾「仁醫」。

星星之火・可以燎原

遺體捐贈數字的上升，與社會對死後安排日漸開放也息息相關，但更重要的是有眾多一直為改變遺體捐贈文化方面默默耕耘的有心人。香港的遺體捐贈風氣已由過往的小

在台灣生死教育交流團中嘗試過的體驗式生命教育活動。

水點逐漸泛起了漣漪。近年社會逐漸出現了迴響，市民開始明白到遺體捐贈可以真正幫助到醫科學生，而不少背後的故事更是觸動人心。

現在，遺體接收的數目不單足夠供應中大醫科生學習，更能支援其他學系、臨牀部門及政府部門的醫學教育和研究。中大的生物醫學學生和中醫學生也可以從解剖遺體中學習表皮、肌肉、血管等脈絡結構；消防處的救護員也可藉着遺體了解和練習入侵性的救護程序。其實無言老師計劃成立初期，我們只希望滿足本校的醫科生需要，提升學生對生命的尊重，現在的結果遠超預期，而且可以涉獵和幫助如此廣泛的界別，我實在意料不到！

用自己的生命成就他人的生命，這是人生另一種的價值和意義。無言老師奉獻身後的軀殼，讓醫學生在自己身上學到更多的知識，找到減輕其他人痛苦的方法。這種超越生死的氣魄，把生命的道傳給了一個個年輕的醫者，讓這些未曾接觸過死亡的年青學生，反思如何嚴肅尊重生命、探索生老病死，日後治療病人時能感同身受。這是多麼珍貴的人生經驗！

一字一句・無盡感激

《無言老師——遺體捐贈者給我們的生死教育課》能夠成書，要感謝明報出版社的邀請，出版如此冷門題材的書籍，沈祖堯教授的封面親筆提字，t5studio的義務攝影團隊，還有撰文的一眾教授、醫生、學者、同學、捐贈者家屬，機構代表和藝人等。另外，還要特別鳴謝華人永遠墳場管理委員會一直以來在「無言老師」計劃面對資源不足的情況下，兩次大額捐款和加設「無言老師撒灰區」的支持。

回想「無言老師」遺體捐贈計劃在陳新安教授帶領下，即使面對解剖室在各種資源不足情況，仍然與團隊走過了不少艱難的時間，達至今天逐漸把遺體捐贈文化在香港被市民接受。希望此書面世後，能借助一眾作者和各方同行者的力量，為本計劃繼續帶來推陳出新的力量，在風雨中繼續前行。

這十多年對「生死大問」的反思與實踐，我需要特別感謝幾位啟蒙老師，丁偉明先生、岑智榮先生、黃民牧師、陳麗雲教授、謝建泉醫生和衍陽法師。即使從各位大師身上只能學到一點皮毛，但串連各家專長和精神後，我在這條「死路上」仍然「一生受用」。

最後，感謝歷年參與解剖教學的先人和無言老師，教導這群年輕醫者的重要課堂，讓他們技術更全面之餘，更能體會到「從死看生，活好當下」的意義。

其實我本人試過不少棺材，現在氣色不錯之餘，全家大小安康。（現為東華三院「存為愛」生死教育博覽的模擬靈堂。）

參考資料

Facebook專頁名稱（每週最少二次出帖）	讚好量（22/6/18前）	類別
Golden Age Foundation 黃金時代基金會	>2,800 Like	老後規劃
The Bone Room 存骨房	>2,400 Like	法醫人類學
贐明會 The Comfort Care Concern Group	>2,200 Like	喪親支援
Heart-to-Heart Life Education Foundation 心繫心生命教育基金	>2,200 Like	生命教育
東華三院圓滿人生服務	>2,100 Like	身後規劃
香港撒瑪利亞防止自殺會活動消息及新聞發佈專頁	>1,900 Like	防止自殺
Enable Foundation - Social Design Agency	>1,500 Like	社會創新
校巴太太（心身機能活性運動療法）	>1,400 Like	認知障礙症
香港老年學會 Hong Kong Association of Gerontology	<1,000 Like	老年學
死亡學學會·21世紀（Thanatology Institute 21C）	<1,000 Like	死亡學
The CUHK Jockey Club Institute of Ageing	<1,000 Like	老年學

生死教育及社區資源

Facebook生死教育資源

Facebook專頁名稱（每週最少二次出帖）	讚好量（截至22/6/18）	類別
StoryTaler 說書人	>31,000 Like	精神健康
生死教育	>28,000 Like	生死教育
HKCSS 香港社會服務聯會	>16,000 Like	社會服務
長者安居協會 Senior Citizen Home Safety Association	>15,000 Like	長者安居
大銀 Big Silver	>12,000 Like	老後規劃
老友網	>9,000 Like	長者資訊
長青網 www.e123.hk 生活資訊網站	>7,000 Like	長者資訊
陪着你嘔	>6,000 Like	情緒關顧
賽馬會耆智園 Jockey Club Centre for Positive Ageing	>6,000 Like	認知障礙症
加油香港！ Agent of Change	>5,000 Like	生命教育
善寧會 Society for the Promotion of Hospice Care	>3,000 Like	寧養服務
聖公會聖匠堂安寧服務部	>2,900 Like	安寧服務

護送服務

機構名稱	電話
香港復康會復康巴士	2817 8154
愛德循環運動（社區支援及護送服務）	2777 2233
致愛社會服務中心	2625 9912

寧養服務及其他支援

機構名稱	電話
香港復康會「安晴，生命彩虹」社區安寧照舫針劃 灣仔區或港島東區的晚期長期病患者及其家人	2549 7744
聖雅各福群會 港島區「安好」居家寧養服務	2831 3258
基督教靈實協會 安居晚晴照顧計劃 （晚期癌症或其他慢性器官衰竭的患者）	2703 3000
聖公會聖匠堂長者地區中心「安寧在家」居家照顧支援照務	2242 2000
善寧會（寧養服務推廣、生死教育及相關資源的查詢及轉介）	2868 1211
東華三院圓滿人生服務	2884 2033
香港防癌會	3921 3821
癌症服務中心-癌協熱線（協助癌症病友及其家屬）	3919 7000（新界區） 3656 0800（九龍區） 3667 3000（港島區）
香港Maggie’s 癌症關顧中心（位於屯門區，協助癌症病友）	2465 6006

家居照顧服務

機構名稱	電話
白普理寧養中心——家居寧養護理服務	2651 3788
社會福利署（幼兒暫托）	2651 3788
僱員再培訓局 家務通	2317 4567
樂活一站（家務助理）	182182／2655 7577
家務助理服務	可聯絡醫務社工轉介
長者安居服務協會一線通呼援（平安鐘） * 除長者外，其他有需要人士亦可申請	2338 8312

復康用品租借服務

機構名稱	電話
香港紅十字會輔助器材租借服務	2610 0515
救世軍油麻地長者社區服務中心（長者優先）	2782 2229
扶輪兒童復康專科及資源中心（十六歲以下人士適用）	2817 5196
醫院病人資源中心/復康站	請向所屬醫院查詢
復康專科資源中心	2364 2345

醫院	聯絡電話	地址
九龍東		
靈實醫院	2703 8888	九龍將軍澳靈實路8號
基督教聯合醫院	3949 6549	九龍觀塘協和街130號
新界東		
白普理寧養中心	住院服務: 2645 8802 家居紓緩治療服務: 2651 3788	新界沙田亞公角山路17號
沙田醫院	住院服務: 3919 7577 日間紓緩治療服務: 3919 7611	新界沙田馬鞍山亞公角街33號
新界西		
屯門醫院	2468 5278	新界屯門青松觀道23號
志願或私營醫療機構		
靈實司務道寧養院	2703 3000	九龍將軍澳靈實路19-21號
香港防癌會賽馬會癌症康復中心	3921 3888	香港黃竹坑南朗山道30號
賽馬會善寧之家	2331 7000	香港沙田亞公角山路18號

香港住院紓緩服務指引

若有需要,病人可向醫生查詢,或致電所屬地區有提供「紓緩服務」的醫療機構:

醫院	聯絡電話	地址
港島東		
東區尤德夫人那打素醫院	2595 4051	香港柴灣樂民道 3 號東座地庫2層
律敦治及鄧肇堅醫院	9802 0100	香港灣仔皇后大道東266及282號
港島西		
葛量洪醫院	2518 2100	香港仔黃竹坑道125號
瑪麗醫院	2255 3881 2255 4649	香港薄扶林道 102 號
九龍中		
香港佛教醫院	2339 6140	九龍樂富杏林街10號A1病房
聖母醫院	2354 2458	九龍黃大仙沙田坳道118號
東華三院黃大仙醫院	3517 3825 3517 3845	九龍黃大仙沙田坳道124號
伊利沙伯醫院	3506 7300	九龍加士居道30號
九龍西		
明愛醫院	住院服務: 3408 7802 家居紓緩治療服務: 3408 7110	九龍深水埗永康街111號
瑪嘉烈醫院	2990 2111	新界瑪嘉烈醫院道2-10號

情緒輔導支援及喪親輔導熱線

機構名稱	電話
善寧會譚雅士杜佩珍安家舍	2725 7693
聖公會護慰天使熱線	2362 0268
聽明會	2361 6606
社會福利署熱線	2343 2255
生命熱線	2382 0000／ 2382 0881（長者熱線）
香港撒瑪利亞防止自殺會	2389 2222
明愛向晴軒熱線	18288
白普理寧養中心——哀傷服務	2636 0163
人間互助社聯熱線	1878 668
香港家庭福利會家福關懷專線	2342 3110
東華三院關懷熱線	2548 0010
香港青年協會關心一線	2777 8899
明愛護老者支援專線	2958 1118
長者安居服務協會「耆安鈴」長者熱線	1878238

家庭輔導

機構名稱	電話
香港家庭福利會家福關懷專線	2342 3110
社會福利署熱線	2345 2255
浸會愛群社會服務處綜合家庭服務中心	3413 1512
循道衛理楊震社會服務處	2251 0888
旺角綜合家庭服務中心	2171 4001
基督教服務處	2731 6316
突破轉導中心	2377 8511
明愛婚外情轉導熱線	2537 7247
明愛婚外情問題熱線	3161 6666
香港公教婚姻輔導會	2810 1104
香港聖公會輔導服務處	2713 9174

經濟支援

機構名稱	電話
綜合社會保障援助計劃(綜緩)／相關津助	可聯絡社工查詢

設有告別室的公立醫院

醫院聯網	**醫院名稱**
港島東	東區尤德夫人那打素醫院 律敦治及鄧肇堅醫院
港島西	瑪麗醫院
九龍中	香港佛教醫院 伊利沙伯醫院
九龍東	將軍澳醫院 基督教聯合醫院
九龍西	明愛醫院 聖母醫院
新界東	雅麗氏何妙齡那打素醫院 北區醫院 威爾斯親王醫院
新界西	博愛醫院 屯門醫院

身後事支援服務

機構名稱	電話
善寧會	2331 7000
聽明會	2361 6606
聖公會護慰天使熱線	23651293
聖雅各福群會後顧無憂規劃服務	2831 3230
明愛鄭承峰長者社區中心（深水埗）	2729 1211
明愛元朗長者社區中心	2479 7383
東華三院安老服務部「活得自在」	2859 7626
榕光社「夕陽之友」	2763 9944

四、抑鬱

- 知道因為無法改變現實，而失去希望
- 變得沉默
- 拒絕外界的關心

五、接受

- 接受現實並重新投入生活
- 體會到生命仍然美好
- 平靜接受

心態：一句合適的同理心回應

當人失去親人的時候，我們總是希望可以讓事情可以好轉，但這一種回應，卻往往令到對方感受到不被明白。他們會覺得想念先人是錯的，悲傷也是錯的。與喪親者同行，其實是需要一顆同理心，我們可以給予同理心的回應。同理心，是一種心態，是一種感染力，它代表着你能接納並感受到對方的內心世界，好像是你自己的一樣。

大多數人分享，並不是要求我們去尋找解決方法，而是想有人聆聽及理解自己。能讓事情好轉的，就是人與人之間的連結。全心全意的陪伴和聆聽，可令對方在失落時仍存着一份安全連結。輕輕搭着對方的肩頭，用力握一握手，點一點頭等都可表達對他們的支持，讓他們知道路雖難走，仍有你願意作出關心及他們經歷，就已經很足夠了。

喪親者的心路歷程

當人失去親人的時候，一般會經歷五個不同的階段，但未必所有人都會經歷這五種階段，有些人會停留在某階段較長時間或會重複經歷不同的階段。

悲傷的五個階段（由 Elisabeth Kubler-Ross博士提出）

一、否認

- 這表示因為太過震驚而產生的否認
- 拒絕、不想承認事件的發生，認為先人仍然在世
- 表現得不知所措
- 震驚、悲傷、困惑、失去知覺、麻木、不能置信的反應等（例：我很好，我沒事，沒關係的）

二、憤怒

- 開始發現自己並不能否認事情，但自己又不能接受。
- 對先人（例：你為何要離我而去？）
- 對自己（例：我為何無法阻止事情的發生？）
- 對他人（例：你為何不能及早發現？）
- 對神（例：祢為何不救他？ ）

三、討價還價

- 為了可以改變不幸而願意妥協
  例：如果你要我做些什麼，我都可以！
  例：可以遲一點才發生這件事嗎？

談失落

- 慢慢嘗試接觸別人
- 你可容讓自己有情緒起伏，找信任的人分享及陪伴自己
- 和信任的朋友保持聯繫，讓自己慢慢面對現實，共同面對
- 找朋友陪伴自己並不代表對不起親人，反而是讓他／她更放心及釋懷
- 穩定的生活作息、飲食及運動

回憶與放下

- 不需要強迫自己作太多的嘗試或轉變
- 在喪親的初期，你不需要太快作重要的決定，避免自己後悔
- 若然你未知道如何處理他／她的遺物，可以把遺物存放至儲物盒一至兩年的時間，之後再決定如何處理
- 你可按自己的步伐，決定是否重遊那些和他／她一起回憶的地方，因這些地方也容易觸動自己情緒
- 在不同的節日前夕，你可先計劃如何度過。 例如是以自己的方式去懷念他／她，或相約親人一起度過

小貼士

- 先好好照顧自己
- 接納對方，專注地聆聽，你可以什麼都不用說，只要給對方一個真誠的眼神，在適當的時候可以握着對方的手或輕拍對方的肩膀
- 肯定對方的情緒，表達你的關心、支持和鼓勵
- 表達自己也有同樣的難過感受，一同回顧逝者的一切
- 定期的慰問，給予對方一個肯定，那怕只是很微小的改變

悲傷關懷技巧

你可以為已逝世的親人做些什麼

你和他／她

- 以適合自己的方式去思念他／她，和他／她建立心靈上的連繫
- 接納自己對他／她又愛又恨，這不代表要否定他／她整個人
- 因他／她曾在你的生命中扮演着一個重要角色，所以你不必為自己定一個限期，只需按自己的步伐調整生活
- 時間的過去並不代表你會忘記他／她
- 你和他／她曾努力付出過，相信他／她的一生也有價值
- 你對他／她的愛、思念及一起經歷的回憶，並不會消失，這些回憶會保留在你的心中
- 他／她在你生命中留下的影響、為人態度、價值觀、精神及愛，可以在你的生活中延續下去

未解決

- 可按照你的步伐，逐步面對他／她已離去的事實
- 接納及認清自己有不同的情緒（例如：生氣、困惑、害怕），不要壓抑，以合適的方式表達心中的感受或想法
- 每個人的哀傷步伐及適應時間也不同，時間越長並不代表你有問題
- 不需要把自己的想法、情緒及適應方法等，判斷為「對」與「錯」或「好」與「不好」，這沒有一個標準答案
- 他／她的離世，並不是一個對與錯的事情，相信他／她已經感受到你的心意。請好好欣賞及接納自己當時已經盡力做好自己的本分
- 如有想尋死的念頭，可找一個信任的人傾訴
- 若有需要，請尋找專業人士協助

(Pacemakers)、血管增壓素 (Vasopressors)、透析治療 (Dialysis)、抗生素 (Antibiotics),人工營養及流體餵養(Artificial Nutrition and Hydration)。

預設醫療指示常見問題

1. 簽訂了「預設醫療指示」後,等於即時放棄?

「預設醫療指示」只會在病情進入了嚴重、持續惡化及不可逆轉的階段,對治療毫無反應,壽命短暫而不能自決的時候,才會實行。

2. 簽訂了「預設醫療指示」後,可否改變主意?

簽訂了「預設醫療指示」後,病人可隨時作出更改或取消,並通知家人及醫護人員。如版本有分歧,醫護人員會按病人擁有的最新版本的正本為準。而且在普通法制度下,有效和適用的「預設醫療指示」有法定效力。在法律層面,只要「預設醫療指示」適用和有效,醫護人員有責任執行,任何人包括家屬不可推翻其「預設醫療指示」。

3. 身體健康的市民是否需要訂立「預設醫療指示」?

「預設醫療指示」主要用於患有末期疾病的病人身上,如未有患病的長者決定末期疾病時的治療,需考慮多方面因素,因個人對各種疾病的徵狀和治療反應不一,太早訂立也未必合適。未有患病的長者可先了解「預設醫療指示」,方便日後更容易與醫護人員商討。市民亦可就個人意願填寫「預設醫療指示」第2類情況—持續植物人狀況或不可逆轉的昏迷狀況。

當病人與家屬及醫生展開了安寧照顧討論後,下一步可以訂立「預設醫療指示」。香港中文大學公共衛生及基層醫療學院在二〇一六年透過電話 ,訪問了1,067位三十歲以上人士,就其健康情況、對「預設醫療指示」的知識、態度、取向及安寧照顧的選擇等方面進行研究分析。

預設醫療指示

「預設醫療指示」是病人清醒時與家人、醫護人員商討後，以書面方式記錄的表格，列出哪種情況下，不接受哪些維持生命治療，期望自然離世。當喪失自決能力時，「預設醫療指示」會按照病人預先表達的意向生效。

當病人處於下列三種任何一種的情況下「預設醫療指示」會生效：

第1類：病情到了末期

第2類：持續植物人狀況或不可逆轉的昏迷狀況

第3類：其他晚期不可逆轉的生存受限疾病

（例如：晚期腎衰竭病人、晚期運動神經元疾病、晚期慢性阻塞性肺病）

當病人處於下列三種任何一種的情況和失去自決能力時，「預設醫療指示」會按照病人預先表達的意向生效：

1. 持續植物人或不可逆轉的昏迷
2. 病情到了末期
3. 其他晚期不可逆轉的生存受限疾病

簽訂「預設醫療指示」的注意事項

1. 需由病人和兩位見證人簽署
2. 簽訂時需兩位見證人：其中一位必須是香港註冊醫生，而兩位見證人均不得在預設醫療指示作出者的遺產中有任何權益
3. 正本由病人和家屬小心保管，送院時把正本給醫護人員在適用情況下執行
4. 可根據個人的需要和狀況而更改或取消
5. 與醫護人員商討後，根據病人情況和意願來決定可選擇接受或拒絕的維持生命治療。例如：心肺復甦法 Cardiopulmonary Resuscitation)、人工輔助呼吸 (Artificial Ventilation)、血液製品 (Blood Products)、心臟起搏器

喪禮的安排

全港有六間持牌殯儀館及一百二十多個持牌的殮葬商(長生店),大多位於紅磡、油麻地及上環一帶。殯儀館大多為私人營運,但亦有非牟利團體所辦的殯儀館(如:東華三院)。殯儀從業員會帶同家屬前往辦理火葬或土葬手續,例如領取死亡證或火化證、訂火葬爐或土葬買地等。

	殯儀館	長生店
職員可以協助辦理治喪儀式	✔	✕
律敦治及鄧肇堅醫院	✔	✕ (可代辦運送遺體及租用殯儀館禮堂服務)
提供逝者的棺木、壽衣、壽被、化妝及大相	✔	✔
提供祭祀物品包括食品、鮮花、香燭、衣紙、紙紮及祭帳	✔	✔
提供喪禮工作人員,包括堂倌(負責協助及指導喪禮儀式)、中西樂師及宗教神職人員,如:尼姑、喃嘸師傅、牧師、神父等	✔	✔
提供家屬的孝服及孝花	✔	✔
提供租用和佈置禮堂及靈寢室	✔	✔
提供租用和佈置靈車,以及負責送逝者親友往墳場或火葬場的旅遊車輛	✔	✔

遺體捐贈殯葬流程

先人辭世後，直系親屬需同意捐贈先人遺體，在兩至三天內於醫院領取
【死因醫學證明書】(表格18) 和【醫學證明書】(火葬) (表格2)，
並於辦公時間通知本校職員 (3943 6050) 及把相關文件傳真 (3942 0956) 至本校。

到入境事務處的死亡登記處辦理死亡註冊，表明先人的遺體是捐贈予香港中文大學，
領取【死亡登記證明書】(表格12) ，【火葬許可證】(表格3) 和【死亡證】。

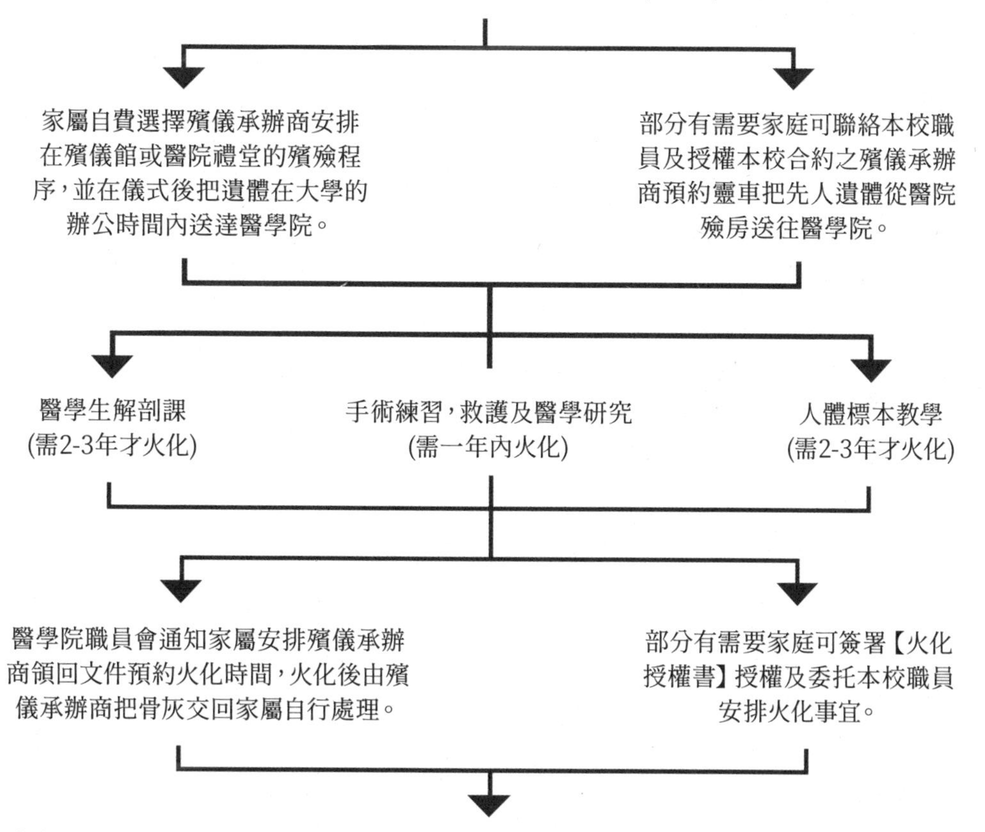

遺體火化後，家屬可安排骨灰的安放及處理方法，也可選擇自行或委託本校申請於將軍澳華人永遠墳場撒灰紀念花園設有的「無言老師」專區撒灰，而本校每年會聯同學生代表及家屬進行撒灰儀式和安裝先人石碑於紀念牆上。

3. 醫院

大部分醫院設有「院出」服務，有告別室（或類似房間），家屬在舉行簡單的送別儀式後，可把遺體直接送往火葬場或墳場進行火葬或土葬。

4. 宗教儀式

全港現有六間持牌殯儀館，均設有禮堂和存放及處理遺體的殮房。當中兩間由非牟利機構營辦。

道教儀式	破地獄、擔幡買水等，亦會燒一些紙紮用品，以求「陰安陽樂」。
佛教儀式	上貢、誦經，目的為超渡先人，盡快輪迴。
天主教儀式	講道、奉香、唱詩歌、祈禱等，目的是為了紀念先人，祝福先人到了天堂，享有永生。
基督教儀式	講道、唱詩歌、祈禱等，目的為了紀念先人，祝福先人到了天國，享有永生。

5. 棺木和陪葬品

中式棺木適合土葬，西式棺木適合火葬或土葬，亦可選紙做的環保棺木作火葬之用。用於火葬的棺木外不得安裝金屬或塑膠附件（如手柄等），而棺木內不宜放置大量陪葬物，或含有金屬或塑膠成分的陪葬物。各火葬場火化爐可接受棺木尺碼及重量的規定有所不同。詳情可向由食物環境衞生署、入境事務處及衞生署組成的聯合辦事處查詢或瀏覽網頁 http://www.fehd.gov.hk/tc_chi/cc/info_2_fire_7.html

1. 持牌殮葬商（長生店）

全港現有一百二十多間持牌殮葬商，名單及地址可參考食物環境衞生署網頁：
http://www.fehd.gov.hk/tc_chi/cc/lu.pdf

2. 殯儀館

全港現有六間持牌殯儀館，均設有禮堂和存放及處理遺體的殮房。當中兩間由非牟利機構營辦。

殯儀館	地址	電話	電郵
香港殯儀館	香港英皇道679號	2561 5226（二十四小時）2563 0241	info@hongkongfuneralhome.com
九龍殯儀館	九龍大角咀楓樹街1號A	6996 2992	info@kowloonfuneral.com.hk
世界殯儀館	九龍紅磡暢行道10-10A號全層	2362 4331	enquiry@universalfuneral.com.hk
萬國殯儀館（東華三院）	九龍紅磡暢行道8號	2303 1234 2303 1261	ifp@tungwah.org.hk
鑽石山殯儀館（東華三院）	九龍鑽石山蒲崗村道181號	2326 0121 2327 4141	dhfp@tungwah.org.hk
寶福紀念館	新界沙田大圍悠安街1號	2606 9933	-

死亡證明文件申請程序

一般自然死亡

在離世者逝世後幾天內，家屬或親友需帶備以下文件的正本到聯合辦事處辦理死亡登記：

- 申請人身份證
- 離世者身份證
- 「死因醫學證明書」【表格18】
- 「醫學證明書（火葬）」【表格2】（只適用於火葬遺體）

完成手續後，獲發「死亡登記證明書」【表格12】（俗稱「行街紙」），遺體土葬者會時獲發「死亡登記證明書」【表格10】（俗稱「土葬紙」）（只適用於土葬遺體）。

一般自然死亡而須緊急埋葬

- 如因宗教或其他理由須緊急搬移或埋葬遺體，不能延至聯合辦事處或生死登記總處的辦公時間才處理，可向就近警署申請簽發「搬移及埋葬屍體許可證」【表格8】。

殮葬的安排

火葬

1. 申領「火葬許可證」

申請人在聯合辦事處獲簽發「死亡登記證明書」【表格12】(俗稱「行街紙」)後,可在同一辦事處申領「火葬許可證」【表格3】(俗稱「火葬紙」)。如已獲死因裁判官簽發「授權火葬屍體命令證明書」【表格11】(俗稱「火葬令」),則無須申請「火葬紙」。

2. 預訂火葬場的火化時段及繳付火葬費用

以登記派籌方式,申請人可在火葬預訂辦事處櫃台辦理預訂火化時段手續。
可選擇: a) 自行預訂 或 b) 授權持牌殮葬商或他人代為預訂

3. 領取骨灰

- 申請人或其授權持牌殮葬商或其他授權人士可於火化後四天到骨灰領取處領回骨灰。在交回骨灰時會同時發出「領取骨灰許可證」。

骨灰處理

- 安置在政府/私營/宗教團體的靈灰龕位
- 於海上撒放骨灰 (海葬)
- 在食物環境衞生署的紀念花園撒放骨灰(花園葬)
- 在其他私營紀念花園撒放骨灰
- 可安放家中
- 安放在寺廟、庵堂

入境事務處生死登記總處

地址：香港金鐘道66號
金鐘道政府合署低座3樓（港鐵金鐘站C1出口）
電話：(852) 2867 2784　查詢熱線：(852) 2824 6111
傳真：(852) 2877 7711
電郵：enquiry@immd.gov.hk
提供的服務：
簽發死亡登記紀錄核證副本、翻查死亡登記紀錄的服務。
（此登記處在星期一至星期六只辦理由死因裁判官轉介的死亡登記。）

食物環境衞生署墳場及火葬場辦事處

- 港島區辦事處 電話：2570 4318　　地址: 跑馬地黃泥涌道1號J
- 九龍區辦事處 電話：2365 5321　　地址: 紅磡暢行道6號地下高層

食物環境衞生署「持牌殯儀館處所名單」

http://www.fehd.gov.hk/tc_chi/cc/lfp.pdf

食物環境衞生署「持牌殮葬商處所名單」

http://www.fehd.gov.hk/tc_chi/cc/lu.pdf

食物環境衞生署「墳場及火葬場服務」收費一覽表

http://www.fehd.gov.hk/tc_chi/cc/info_charge.html

辦理身後事的相關資源

入境事務處、衞生署及食物環境衞生署組成的聯合辦事處

- 港島辦事處：香港灣仔皇后大道東213號胡忠大廈18樓
- 九龍辦事處：九龍深水埗長沙灣道303號長沙灣政府合署1 樓

入境事務處

申請「死亡登記證明書」【表格12】（俗稱「行街紙」）及「死亡登記證明書」【表格10】（俗稱「土葬紙」）

- 網頁：http://www.immd.gov.hk/hkt/services/birth-death-marriage-registration.html
- 港島死亡登記處　電話：2961 8841
- 九龍死亡登記處　電話：2368 4706

衞生署

申請「火葬許可證」【表格3】（俗稱「火葬紙」）

- 網頁：http://www.dh.gov.hk/tc_chi/main/main_ph/main_ph.html
- 港口衞生處（港島）電話：2961 8843
- 港口衞生處（九龍）電話：2150 7232

食物環境衞生署

預訂火葬場／火化時段

- 網頁：http://www.fehd.gov.hk/tc_chi/cc/index.html
- 火葬預訂辦事處（港島）電話：2961 8842
- 火葬預訂辦事處（九龍）電話：2150 7502

資料來源

香港中文大學賽馬會老年學研究所（2018）。《吾該好死》。取自 http://www.ioa.cuhk.edu.hk/zh-tw/resources

贐明會（2011）。《哀傷關懷及資訊手冊》。取自 http://www.cccg.org.hk/zh-hant/publications?tid=22

醫院管理局（2018）。〈紓緩護理服務轉介網絡〉。取自 https://www.ha.org.hk/haho/ho/hacp/txt_New_PC_referral_Network.pdf

食物環境衞生署（2017）。〈食物環境衞生署持牌殯儀館〉。取自 http://www.fehd.gov.hk/tc_chi/cc/lfp.pdf

香港大學行為健康教研中心（2010）。〈喪禮地點及儀式〉。取自 http://enable.hku.hk/tch/enable_journey/journey_dp/will/funeral/will_fa_location.aspx

食物環境衞生署（2017）。〈辦理身後事須知〉。取自 http://www.fehd.gov.hk/tc_chi/cc/die_todo_c.pdf

善寧會（2007）。《安然善別》。取自 https://www.hospicecare.org.hk/news-and-media/publications/

陳曉蕾，周榕榕（2013）。《死在香港 見棺材》。香港：三聯書店（香港）有限公司

	聯絡方法
東華三院萬國殯儀館殯儀熱線	2303 1234 http://funeralservices.tungwahcsd.org/guide_ifp_info.php
東華三院鑽石山殯儀館	2326 0121 / 2327 4141 http://funeralservices.tungwahcsd.org/guide_dhfp_info.php
毋忘愛（環保殯儀）	3488 4933 http://www.forgettheenot.org.hk
遺產承辦處（二十四小時熱線）	2840 1683 http://www.judiciary.hk/tc/crt_services/pphlt/html/probate.htm
遺產稅署	2594 3240 https://www.ird.gov.hk/chi/tax/edu.htm
民政事務總署（遺產受益人支援服務）	2835 1535 ebsu@had.gov.hk
香港律師會	2846 0500 http://www.hklawsoc.org.hk/pub_c
「無盡思念」網上追思服務	2951 4358 http://www.memorial.gov.hk
香港中文大學「無言老師」遺體捐贈計劃	3943 6050 http://www.sbs.cuhk.edu.hk/bd
華人永遠墳場管理委員會辦事處及配售處 地址：香港灣仔皇后大道東213號 胡忠大廈34樓	2511 1116 http://www.bmcpc.org.hk

捐款支持

捐贈方法 Donation Method

劃線支票／銀行本票 By crossed cheque／Cashier's Order
(抬頭請註明「香港中文大學」Payable to “The Chinese University of Hong Kong”)

請將劃線支票／銀行本票寄至：
新界 沙田 香港中文大學 生物醫學學院 李卓敏基本醫學大樓 LG 解剖實驗室
Please send a crossed cheque or cashier's order to our office.
Address: LG Dissecting Laboratory, Choh-Ming Li Basic Medical Sciences Building, School of Biomedical Sciences, The Chinese University of Hong Kong, Shatin, New Territories

歡迎聯絡我們索取捐款表格。Please contact us for donation form :
電話 Phone No. (852) 3943 6050
傳真 Fax (852) 3942 0956
電郵 Email s-teacher@cuhk.edu.hk

捐贈港幣100元或以上可憑正式收據申請扣減稅項。
正式收據將郵寄至閣下之郵寄地址。
Donation over HK$ 100 is a tax deductible with an official receipt which will be sent to your mailing address in due course.

【遺體捐贈意向書】

如本人離世時若情況許可，本人願意捐出遺體予香港中文大學醫學院作教學或研究之用。

捐贈者姓名：____________ 先生/女士/其他　身份證號碼：__________ 英文字母及頭3位數字

住址　　：________________________________

電郵　　：________________________ 年齡：______

聯絡電話：____________

日期　　：____________　簽署：____________

見證人姓名　：____________　身份證號碼：__________ 英文字母及頭3位數字

與捐贈者關係：____________　聯絡電話　：__________

請於以下空格上按意願加上✔號（可選擇多項）：

☐本人已登記器官捐贈，願意先捐贈器官後，再由中大決定是否適合捐贈遺體

☐本人願意捐贈身體作解剖教學之用（遺體約兩至三年後火化）

☐本人願意捐贈身體作手術練習，救護及醫學研究之用（遺體約一年內火化）

☐本人願意捐贈身體作標本教學用（遺體剩餘約一半至三份一，在兩至三年後火化）

☐本人願意由香港中文大學安排遺體及棺木運送，火化及代領骨灰等事宜

☐本人願意把骨灰撒於將軍澳華人永遠墳場內的「無言老師」撒灰花園專區

本人願意參與「無言老師」遺體捐贈計劃的 ☐問卷調查 ☐義工活動 ☐接收相關資訊

歡迎於辦公時間內致電3943 6050或傳真3942 0956查詢。

電郵 s-teacher@cuhk.edu.hk

網站 www.sbs.cuhk.edu.hk/bd/

意向書請寄回

「新界 沙田 香港中文大學 生物醫學學院 李卓敏基本醫學大樓 LG 解剖實驗室」

無言老師——遺體捐贈者給我們的生死教育課

編著者　陳新安　伍桂麟
出版經理　林瑞芳
責任編輯　何小書　陳銘洋
訪問　朱維達
圖片來源　部分由作者提供
封面攝影　Teddy Ng（www.t5studio.com）
封面設計　瑕疵設計　Kekkan Design
美術設計　陳車設計　Chancher Design
出版　明窗出版社
發行　明報出版社有限公司
香港柴灣嘉業街18號
明報工業中心A座15樓
電話　2595 3215
傳真　2898 2646
網址　http://books.mingpao.com/
電子郵箱　mpp@mingpao.com
版次　二〇一八年七月初版
二〇一八年十二月第二版
二〇二〇年七月第三版
二〇二一年六月第四版
ISBN　978-988-8445-85-1
承印　美雅印刷製本有限公司